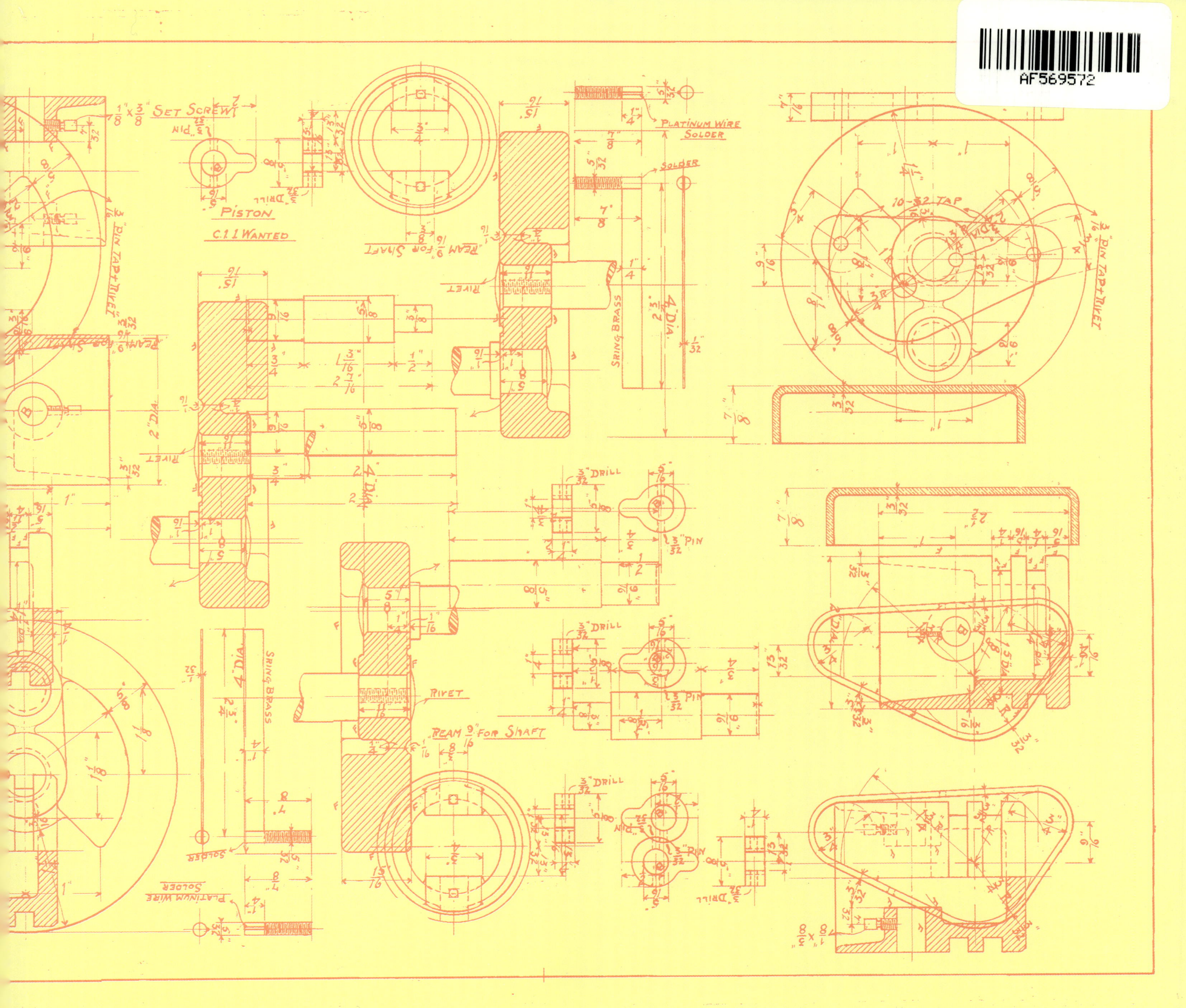

1/8" x 3/8" Set Screw
Piston
C.I. 1 Wanted
Platinum Wire
Solder
10-32 Tap
3/16" Pin Tap + Rivet
Rivet
Spring Brass
4" Dia.
2" Dia.
3/32" Drill
Ream 9/16" For Shaft

DIE HARLEY-DAVIDSON STORY

Eine sagenhafte Geschichte in 45 Objekten

DIE HARLEY-DAVIDSON STORY

Eine sagenhafte Geschichte in 45 Objekten • Aaron Frank
Einleitung von Jim Fricke,
Kuratorische Leitung, Harley-Davidson Museum

Die Originalausgabe erschien unter dem Titel
THE HARLEY-DAVIDSON STORY bei Motorbooks,
einem Imprint der Quarto Publishing Group USA Inc.
401 Second Avenue North, Suite 310, Minneapolis, MN 55401 USA.
T (612) 344-8100 F (612) 344-8692
www.QuartoKnows.com

Ein Gesamtverzeichnis der lieferbaren Titel schicken wir Ihnen gerne zu.
Bitte senden Sie eine E-Mail mit Ihrer Adresse an
vertrieb@koehler-books.de
Sie finden uns auch im Internet unter www.koehler-books.de

Bibliografische Information der Deutschen Nationalbibliothek
Die Deutsche Nationalbibliothek verzeichnet diese Publikation in der
Deutschen Nationalbibliografie;
detaillierte bibliografische Daten sind im Internet über
http://dnb.d-nb.de abrufbar.

ISBN 978-3-7822-1350-9

Übersetzung: Anette Reichardt
Produktion: Sarah Winter

Printed in China

Acquiring Editor: Zack Miller
Project Manager: Jordan Wiklund
Art Director: Laura Drew
Cover Designer: Beth Middleworth
Layout: Beth Middleworth

Cover des Schutzumschlags: Rennfahrer Otto Walker.
Vorsatz: Originalabbildungen aus William Harleys Motorrad-Skizzen.
Cover des Buchs: Walter Davidson (Zweiter von links),
Arthur Davidson (Mitte) und William Davidson (Mitte rechts)
zusammen mit drei Mitarbeitern vor dem Fabrikgebäude von
Harley-Davidson, etwa 1909.
Rückseite des Buches: Geschäft eines Harley-Davidson-Händlers, um 1916

Abbildung des Cushman Scooter auf Seite 46 mit freundlicher
Genehmigung von Brooks Stevens Inc.
Brooks Stevens (American, 1911-1995) Motor Scooter, Outboard
Marine Corporation (OMC), Cushman, 1960 Brooks Stevens Archive,
Milwaukee Art Museum, Geschenk der Familie Brooks Stevens und
des Milwaukee Institute of Art and Design, BSA_BR_1445.
Abbildungen auf Seite 196 von Pictorial Press Ltd / Alamy Limited.

INHALTSVERZEICHNIS

EINLEITUNG

Jedes Objekt hat eine Geschichte. Manchmal liegt sie offen zu Tage, und jedermann kann sie nachvollziehen. Manchmal bedarf die Geschichte hinter einem spezifischen Objekt jedoch der Erforschung und des Kontextes oder erfordert Fachwissen. Wer aufmerksam ist und den Hinweisen zu folgen versteht, dem erschließen sich die Hintergründe.

Über Jahrhunderte waren die Menschen beseelt vom Versuch, den Dingen ihre inhärenten Geheimnisse zu entlocken. Dass Objekte eine Quelle von Inspiration und Information sein können, ist die Grundlage für den Beruf des Kurators: Dieser will den Besucher für die Geschichte hinter einem Objekt durch sorgfältige Auswahl, Anordnung und Interpretation begeistern.

Ich hatte das Glück, diese Aufgabe für das Harley-Davidson Museum übernehmen zu dürfen. Wir begannen 2004 damit, die Geschichten zu skizzieren, die unsere Exponate erzählen. Das Museum sollte 2008 eröffnet werden (was auch geschah). Die Aussicht, die Entwicklung von Ausstellungen zu leiten, war zugleich unbeschreiblich spannend und furchterregend. Als ich mich nach und nach mit den fantastischen Sammlungen des Harley-Davidson-Archivs vertraut machte, wuchs allerdings die Begeisterung für diese Lebensaufgabe geradezu exponentiell und meine Bedenken zerstreuten sich.

Als wir dieses Museum aufbauten, war es unser Ziel, es den Besuchern zu ermöglichen, sich von ihren individuellen Interessen und ihrer Neugier leiten zu lassen. Sie sollten ihren eigen Weg finden, eine Vielzahl von Pfaden beschreiten und von Dingen angezogen werden können, die einen Bezug zu ihrem Leben Platz haben. Dazu sollten sie auch noch auf Schritt und Tritt Entdeckungen machen können. Die Mühe, die erforderlich war, um diese Entdeckungen zu ermöglichen, sollte für den Besucher unsichtbar bleiben. Ein Kurator muss die richtigen Objekte finden und sie mit Artefakten, Fotografien, Medien, Texten und ihrer Umgebung zu einem einheitlichen Ganzen verbinden. Das ist niemals einfach und führt unvermeidlich zu Kompromissen, wenn das perfekte Stück unauffindbar ist.

Zu unserem Glück waren die Firmengründer Sammler und Bewahrer. Sie begannen bereits wenige Jahre nach der Unternehmensgründung damit, Motorräder, Dokumente, Drucksachen und Fotografien zu aufzubewahren. Diese Vorgehensweise behielten alle nachfolgenden Führungskräfte – gemeinsam mit vielen Generationen von Mitarbeitern – bei. In guten und schlechten Zeiten, während Boomjahren und Flauten fügten sie der Sammlung immer wieder etwas hinzu.

Das Ergebnis von mehr als einhundert Jahren Fleißarbeit ist eine unglaubliche Schatztruhe: Die Auswahl an Motorrädern ist unvergleichlich und erhält den Löwenanteil der Aufmerksamkeit. Die fotografische Sammlung ist eine schier

MOTOR
CYCLES

unerschöpfliche Quelle von Schönheit und Information. Geschäftsdokumente, Marketingliteratur und alte Zeitschriften sind für Forschungszwecke von unschätzbarem Wert, denn oftmals beinhalten sie genau das, was es braucht um einen besonderen Aspekt hervorzuheben. Die verschiedenen Erinnerungsstücke, Motorradausrüstungen, Händler- und Vereinsunterlagen erzählen faszinierende Geschichten von Arbeit und Freizeit, Gebrauch und Anpassung, Verschleiß und Instandsetzung. Bei der Entwicklung unserer Ausstellungen finden wir regelmäßig genau das Artefakt, das unser Narrativ stützt. Und natürlich enthält unser Archiv wichtige Belege für eine Vielzahl maßgeblicher Weichenstellungen unseres Unternehmens.

Jenseits ihres historischen Wertes ist diese Sammlung vor allem ein physischer Ausdruck des Stolzes, der Leistung und der Ausdauer der Menschen bei Harley-Davidson. Sie ist Zeugnis der Leidenschaft und des Einfallsreichtums der Fahrer, die diese Produkte nutzten, um ihr Leben zu bereichern, und der Fans, die Harley-Davidson durch ihre unerschütterliche Hingabe an den Motorsport und an die Marke unterstützt haben.

Das Archiv ist sozusagen eine lebendige Sammlung. Das Unternehmen Harley-Davidson entwickelt sich weiter und expandiert, und das tut unsere Sammlung auch. Die späteren Abschnitte dieses Buches richten den Blick auf unsere jüngeren Objekte. Als Mitarbeiter des Harley-Davidson-Archivs und des Museums sind wir stolz auf unsere Rolle als fleißige Treuhänder dieser beispiellosen Sammlung. In ferner Zukunft werden zukünftige Kuratoren Ausstellungen entwickeln und Bücher schreiben, die auf die Objekte zurückgreifen, die wir heute sammeln. Für die Gegenwart aber hoffen wir, dass Sie an den Geschichten in diesem Buch Gefallen finden werden – und an den Bildern der Exponate, die diese Geschichten in Gang setzten und veranschaulichen.

Jim Fricke
Kuratorische Leitung,
Harley-Davidson Museum

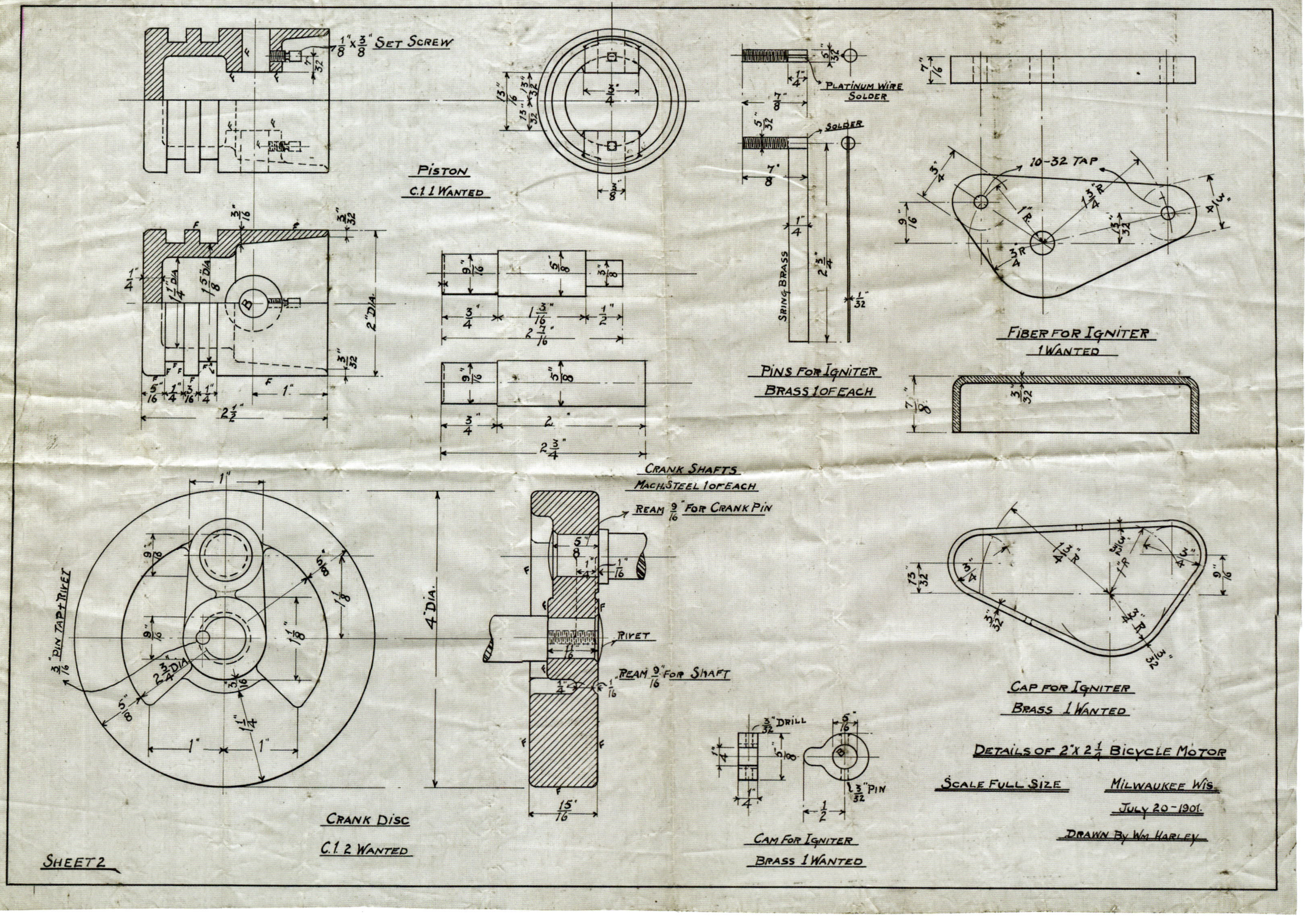

1/8" x 3/8" Set Screw
Piston
C.I. 1 Wanted
Platinum Wire
Solder
Solder
Spring Brass
Pins for Igniter
Brass 1 of Each
10-32 Tap
Fiber for Igniter
1 Wanted
2" Dia.
Crank Shafts
Mach. Steel 1 of Each
Ream 9/16" for Crank Pin
Rivet
Ream 9/16" for Shaft
3/16" Pin Tap + Rivet
4" Dia.
Crank Disc
C.I. 2 Wanted
3/32" Drill
3/32" Pin
Cam for Igniter
Brass 1 Wanted
Cap for Igniter
Brass 1 Wanted
Details of 2" x 2 1/4 Bicycle Motor
Scale Full Size
Milwaukee Wis.
July 20-1901.
Drawn By Wm Harley
Sheet 2

1

WILLIAM HARLEYS ZEICHNUNG EINES FAHRRADMOTORS

Wie der Name bereits vermuten lässt, war die Harley-Davidson Motor Company ursprünglich als Hersteller von Motoren konzipiert, die Fahrräder, Kutschen und weitere Fahrzeuge antreiben konnten. Die Jahrhundertwende war im Transportwesen eine Zeit des Wandels und des Wachstums: Noch waren Kutschen und Pferdegespanne überall auf den Straßen zu sehen, aber Fahrzeuge mit Verbrennungsmotoren erregten die Aufmerksamkeit von jungen, begabten Ingenieuren und Designern, die in den Startlöchern standen, um die Welt auf Rädern von Grund auf umzukrempeln. William Harley war solch ein Visionär.

William Harley wurde in Milwaukee geboren und wuchs dort auch auf. Als er fünfzehn Jahre alt war, begann er bei einem Fahrradhersteller vor Ort zu arbeiten. In 1901, im Alter von einundzwanzig, war es ihm schon gelungen, sich eine Position als Konstruktionszeichner zu erarbeiten, in der er sich als überaus talentierter Illustrator erwies. Harley war verständlicherweise von der Idee eines motorisierten Fahrrads fasziniert, mit dem man weiter und schneller vorankommen konnte als mit bloßer Muskelkraft. Nach unzähligen Stunden am Zeichentisch in der Fahrradmanufaktur begann er seine Idealvorstellung eines motorisierten Fahrrades zu skizzieren.

Eine dieser Skizzen sehen Sie hier. Diese Zeichnung eines Motors für ein Fahrrad ist auf das Jahr 1901 datiert, und sie gilt als das älteste bekannte schriftliche Dokument in der Geschichte von Harley-Davidson. Daher ist sie der originäre Schlüssel zum Verständnis der Gründungsidee des Unternehmens und zur Vision seiner Gründer, wie Fortbewegung und persönliche Mobilität neu gestaltet werden konnten – und natürlich auch die aufstrebende amerikanische Motorradindustrie. Mit dieser Zeichnung gelang es Harley, die Begeisterung seines engen Freunds Arthur Davidson zu wecken, der bald dazu bewegt werden konnte, seinen guten Job als Modellbauer bei Ole Evinrude – dem Erfinder des ersten kommerziell erfolgreichen Außenbordmotors – aufzugeben, um gemeinsam mit William Harley den Grundstein für das zu legen, was später die Motor Company werden sollte.

Walter Davidson (Zweiter von links), Arthur Davidson (Mitte), William Davidson (Zweiter von rechts) und William Harley (ganz rechts) mit drei Angestellten vor dem Firmengebäude, aufgenommen ca. 1909

Das motorisierte Fahrrad war keine Idee von Harley. Lokalzeitungen berichteten bereits 1895 vom ersten Fahrrad mit Motor in Milwaukee, als ein gewisser Edward Joel Pennington sein Motor-Fahrrad auf der Wisconsin Avenue zeigte. Vielleicht war William Harley an diesem Tag sogar unter den Zuschauern? Harleys Maschine war in etwa so stark wie eine heutige Kettensäge – sie verdrängte 106 Kubikzentimeter und wurde vermutlich mit der Unterstützung eines namentlich nicht bekannten deutschen Zeichners entworfen. Es dauerte zwei weitere Jahre und erforderte viel Unterstützung von seinem Freund Melk (der überdies Besitzer einer Drehmaschine war), ehe Harley den funktionierenden Prototypen gebaut hatte, mit dem er im Sommer 1903 an die Öffentlichkeit ging. Die Maschine lief, allerdings unzuverlässig, und Berichten zufolge hatte sie damit zu kämpfen, die überschaubaren Hügel Milwaukees zu erklimmen. Das war allerdings keine Fehlleistung, sondern Teil einer Lernkurve: Zu dieser Zeit erschienen auch die ersten echten Motorräder in Milwaukee und inspirierten William Harley und Arthur Davidson dazu, alle Energien darauf zu verwenden, ihre Erfahrungen mit dem motorisierten Fahrrad auf die Entwicklung eines praktischen Motorrads zu übertragen.

Diese Skizze verweist mehr als alles andere auf einen historischen Moment, in der die Welt der persönlichen Mobilität im Begriff war, sich radikal und umwälzend zu verändern. Es war ein Moment, in dem sich unglaubliche wirtschaftliche Chancen auftaten und zwei junge, talentierte und hart arbeitende Männer quasi aus dem Nichts eines Hinterhofschuppens einen Produktionsbetrieb ins Leben rufen konnten. Es war die Zeit, in der alles möglich schien, und in der zwei Freunde namens William Harley und Arthur Davidson begannen, die Idee zu schmieden, die die Harley-Davidson Motor Company eines Tages zum einflussreichsten Motorradhersteller der Welt machen sollte.

HARLEY-DAVIDSON

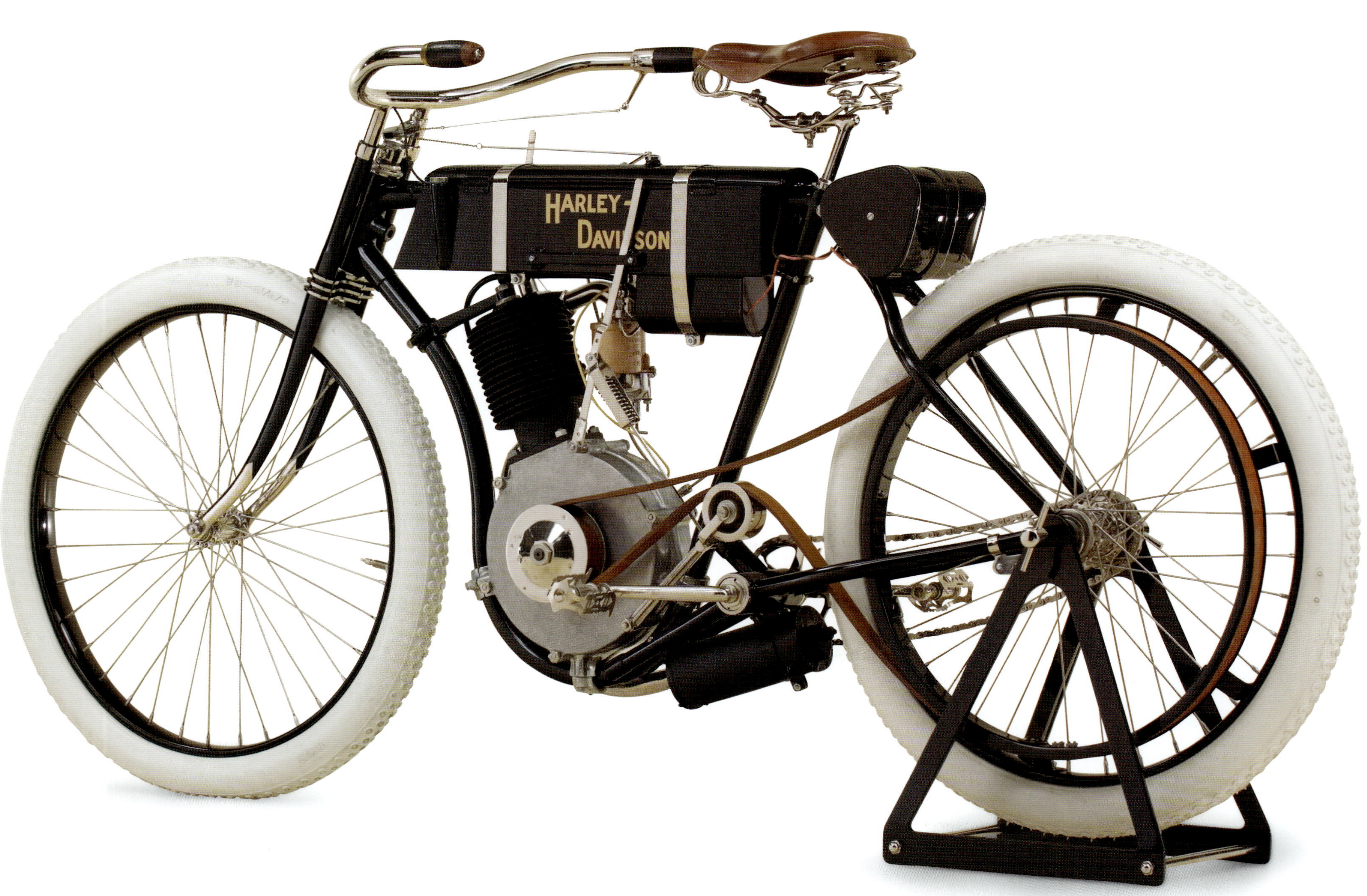
HARLEY-
DAVISON

2

SERIENNUMMER 1

Es gibt viele bedeutende Motorräder – Maschinen, die auf einzigartige Weise die Fantasie beflügelten oder sogar in kleinerem oder größerem Maßstab die Welt ein wenig verändert haben: Die Brough Superior SS 100 von Lawrence von Arabien. Rollies Frees Vincent Black Lightning, unsterblich gemacht im Magazin *Life*. Peter Fondas Panhead Easy Rider Chopper. Es ist allerdings keine Übertreibung zu behaupten, dass kein einziges Motorrad wichtiger oder einflussreicher war als dieses eine – Harley Davidsons Seriennummer Eins. Kein anderes Motorrad hat mehr Träume ausgelöst oder mehr Abenteuern angeregt hat als dieses eine. Es ist das Motorrad, das die einflussreichste und wichtigste Motorradmarke der Welt begründete.

Bei diesem speziellen Motorrad gibt es mehr Unbekanntes als Bekanntes. Es gibt keine Dokumentation der exakten Geschichte dieses Motorrads. Es gibt überhaupt nur sehr wenige detaillierte Berichte über die Harley-Davidson Modelle vor dem Gründungsjahr der Motor Company 1907; die Firmengründer waren wohl zu sehr damit befasst, den Fortbewegungssektor umzukrempeln, um sich mit solch langweiligen Dingen wie Produktionsakten zu beschäftigen. Es ist allgemein bekannt, dass William Harley und Arthur Davidson 1903 und 1904 drei komplette Motorräder gebaut haben, obwohl die Berichte über die Herstellungsdaten dieser ersten Motorräder oft verwechselt und noch häufiger vermischt werden.

Es erscheint zweifelhaft, dass dieses Motorrad das erste ist – es gab vorher zumindest ein oder zwei nicht gekennzeichnete Prototypen – aber da die wichtigsten Motorenkomponenten klar mit der Nummer 001 ausgezeichnet sind, ist sie gewiss die älteste bekannte Harley-Davidson und eine der raren Harley-Davidsons, die vor 1905 gebaut worden und erhalten sind.

Niemand weiß, wie viel von dem, was wir heute als Seriennummer Eins bezeichnen, original oder authentisch ist. Wir haben zum Beispiel keinerlei Idee davon, wie die Maschine ausgesehen hat, als sie zum ersten Mal aus der Werkstatt hinter dem Haus der Familie Davidson in der 38. Straße von Milwaukee, Wisconsin, rollte. Wir wissen aber, dass Harley-Davidson in den später 1910er Jahren aktiv frühe Modelle zurückkaufte und Replikas der früheren Modelle mit historischen Teilen ausgestattet hat. Es wird vermutet, dass diese Maschine eine Replika ist (der Rahmen ist nicht original, sondern datiert auf das Jahr 1905). Wir wissen, dass dieses Motorrad als Ausstellungsstück gedient hat und einem Motorrad aus der Zeitspanne von 1905 bis 1908 ähneln sollte. Es war mit vielen falschen Details wie Kotflügeln, einer gestreiften Lackierung und dem Logo mit Balken und Schild (das Harley-Davidson Emblem) versehen, das vermutlich erst ab 1908 überhaupt verwendet wurde. So sah die Seriennummer Eins aus, als sie in den siebziger Jahren zum ersten Mal restauriert wurde.

Eine zweite Aufarbeitung wurde 1996 mit dem Ziel unternommen, das Motorrad so authentisch wie irgend möglich aussehen zu lassen. Das ist exakt der Zustand, den Sie hier auf der Abbildung sehen, mit dem Harley-Davidson Logo nur auf der linken Seite des Tanks, dem richtigen Lenker, ohne Kotflügel, aber mit zahlreichen anderen Details, die dem Wenigen entsprechen, das wir über Harley-Davidsons erste Motorräder wissen.

Die Ausgestaltung des Rahmens unterscheidet das erste Harley-Davidson Motorrad wesentlich von den motorisierten Fahrrädern, die ihm vorangingen. Motor und Rahmen sind speziell für ein echtes Motorrad gestaltet, und zwar so, dass ein größerer Motor und ein Schwungrad mühelos platziert werden konnten, die benötigt wurden, um die Leistung und Zuverlässigkeit zu garantieren, die selbst von den frühesten Motorradfahrern erwartet wurde. So kam es, dass der Diamant-Fahrradrahmen hier zugunsten des sogenannten Schleifenrahmens (mit

The Thomas B. Jeffery Company
Of Illinois

Chicago, Ill., April 15th, 1912.

Harley-Davidson Motor Co.,
Mr. C. H. Lang, Ill. Distributor,
Chicago, Illinois.

Dear Sir:-

When I bought my Harley-Davidson Motorcycle, which I still have in daily use, it had already run 51,000 miles.

According to my information it is the first Harley-Davidson that was ever built. It was made in 1903 and sold in 1904 to Mr. Mayer of Milwaukee who rode it 6,000 miles. Geo. W. Lyon of Chicagó rode it 15,000 miles. Dr. Webster of Rush Medical College of Chicago rode it 18,000 miles. Louis Fluke rode it 12,000 miles.

I bought this machine from Louis Fluke in 1907 and have ridden it to date 32,000 miles, which makes a total of 83,000 miles. It is in perfect condition and still has the same main bearings.

It has a 3 1-4 H.P. motor and 26.94 cubic inches piston displacement, the largest sized motor used in motorcycles at that time.

I am repairman for the Thomas B. Jeffery Company the Chicago branch where the Rambler automobiles are sold and kept in repair. I make trips with my machine to repair cars, if they get into trouble out in the country.

I also use it daily to and from work, besides using it during business hours. It has given me entire satisfaction as it is always on the job and always makes good when called upon for service.

The new Harley-Davidson now has wonderful improvements over my old model, but I would not like to sell it, because it has stood by me rain or shine. It is now nine years in service and will make good for many more years.

Yours very truly,

Steve J Sparough

THE HARLEY-DAVIDSON DEALER

MAKES CLAIM OF RECORD

Stephen E. Sparough's 1903 Harley-Davidson Has Covered 83,000 Miles and Is Anxious for More.

That Harley-Davidson machines give good service year after year is shown by the letter on the opposite page received by C. H. Lang, Chicago dealer.

Steve J. Sparough, an expert repairman employed by the Thomas B. Jeffery company, boasts a 1903 Harley-Davidson machine that has made 83,000 miles and that is good for many more thousands of miles.

The 3¼ horsepower motor is still in perfect condition. At the earnest solicitation of Mr. Lang the old-timer was permitted by Mr. Sparough to visit its birthplace.

What it saw there is a remarkable story—as remarkable as the performance of this old veteran of the city pavement and the country road—and would well merit the attention of any good biographer.

HIS HARLEY-DAVIDSON IS ALWAYS READY WHEN HE WANTS IT.

WHEN Walter Wallenthin, of Attleboro, Mass., received his first motorcycle, a 1911 Harley-Davidson, it looked so neat and trim that he hesitated to take it out on the dirty roads, but when he had overcome that feeling he wished that he had obtained his machine earlier.

"I found the Harley-Davidson just what I wanted it to be, quiet and quick and clean," says Mr. Wallenthin. "I used it every day to and from my work and took many pleasure rides with it out from Attleboro. It always started with the first stroke of the pedal down, which surprised the town people very much. I used the free engine device to show the public the advantage of it in crowded places where a quick stop is needed. It worked great—much better than other free engine clutches.

"My machine was a battery model, but I only used one set of batteries in 1911 and they were five amperes at that. The cost of the batteries for a season's run was 75 cents. I have had no tire trouble whatever, and no trouble with the engine or belt, or any other part. My Harley-Davidson is always ready when I want it. The cost of gasoline and oil is hardly noticeable. If I was to figure out trips I made in cars and trains, it would almost buy a new machine.

"I used it for towing in motorcycles of other makes without showing any labor on the machine.

Just Trying the Seat

As near as I can calculate I traveled fifteen hundred miles in 1911 on my Harley-Davidson. I rode it until December 30th, when it snowed for the first time here in the East.

"My 1911 model looks so new that my agent asked me what kind of polishing rags I used. I told him I used soft flannel rags, which do not scratch the nickel or enamel.

"No parts have become loose or broken, and no noise heard anywhere. It was the first *real* motorcycle I ever owned. I only hope my 1912 Harley-Davidson will have as good a record for durability and low cost of operation."

seinem vorderen unteren Rohr, das sich elegant um das Motorgehäuse wickelt), aufgegeben wurde. Dadurch wurde die Stabilität erhöht und ein niedrigerer Schwerpunkt gewährleistet. Obwohl das Motorraddesign in dieser frühen Phase vor allem funktional war, hat der Schleifenrahmen den unbeabsichtigten Nebeneffekt, den Motor wie einen Edelstein in seiner Fassung zu präsentieren. Diese Position ist ein wesentliches gestalterisches Element, das auch heute noch Harley-Davidson Motorräder beeinflusst. Ähnlich wie bei seinen früheren Fahrradmotor-Entwürfen wurde William Harleys erstes Motorrad durch seine zeitgenössische Vorbilder auf einem bereits überfüllten Markt angeregt. Hersteller wie Marsh, Curtiss und Indian, sogar andere Anbieter aus Wisconsin wie die gleichfalls in Milwaukee ansässige Firma Merkel oder auch Mitchell im nahegelegenen Racine, waren 1903 bereits gut etabliert. Der Basisaufbau von Harley-Davidsons Seriennummer Eins ähnelt in vielerlei Hinsicht dem Schleifenrahmenmotorrad der Firma Merkel. Der Ein-Zylindermotor gleicht dem des gleichaltrigen Evinrude Außenbordmotors; was nicht weiter verwunderlich ist, da Arthur Davidson einige Jahre lang für Ole Evinrude gearbeitet hatte. Das Schnüffelventil bedient 405 Kubikzentimeter, das Schwungrad hatte einen Durchmesser von 9 ¾ Zoll und war an einer 28 Pfund schweren Kurbelwelle befestigt, als Achsantrieb fungierte ein Handspanngurt aus Leder. Es gibt kein Getriebe und keine Kupplung, wobei Harley-Davidson der erste amerikanische Motorradhersteller sein sollte, der eine solche anbot – allerdings nicht vor 1907.

Alles wurde entwickelt, um einfach und zuverlässig zu funktionieren, und das war auch alles, was von Motorrädern zu deren Frühzeit verlangt wurde.

The only known photo of a pre-1905 Harley-Davidson motorcycle.

Was können wir zuverlässig bei dieser noch sehr bescheidenen Ein-Zylindermaschine ohne Licht und Kotflügel unterstellen? Dürfen wir die Höchstgeschwindigkeit auf 40 Meilen pro Stunde schätzen? Eine Theorie besagt, dass die Seriennummer Eins vermutlich ein Prototyp war, und beruft sich darauf, dass die Spezifikationen dieses Motors tatsächlich nicht deckungsgleich sind mit den bereits bekannten Harley-Davidson-Motoren der frühesten Produktionsläufe. Eine andere Theorie besagt, dass diese Maschine für Motorradrennen gebaut wurde, da bei der letzten Restaurierung festgestellt wurde, dass der Motor mit einer ungewöhnlich hohen Komprimierung arbeitet. Es wird berichtet, dass ein Fahrer namens Edward Hildebrand am 8. September des Jahres 1904 Vierter bei einem Rennen im Wisconsin State Fair Park geworden sei (einem der ersten dokumentierten Auftritte eines Harley-Davidson Motorrads in der Presse) – könnte er ein Motorrad mit exakt diesem Motor gefahren sein?

Niemand weiß mit Sicherheit, ob die bescheidene Seriennummer Eins, die zwar zweckmäßig gebaut, aber in ihrer Anmutung kaum anspruchsvoller als ein zeitgenössisches motorisiertes Fahrrad ist, dazu gedacht war, die Welt zu verändern. Walter Davidson hob hervor, dass das erste Harley-Davidson Motorrad einzig und alleine für den persönlichen Gebrauch gedacht war und nicht mehr als ein Spielzeug für seinen Bruder Arthur und dessen besten Freund William Harley gewesen sei. Vor allem aber wollte das Duo ihr unbeholfenes Motorraddesign, das sie selbst für unausgereift und unsicher hielten, verbessern. Als die beiden aber das Potential ihres neuen Motorrads erkannten, oder besser gesagt, als die Menschen auf der Straße ihr Gefährt in Aktion beobachteten und es offensichtlich wurde, dass es dafür einen Markt gab, wurden William Harley und Arthur Davidson zu originären Motorradherstellern. Im selben Jahr, in dem Henry Ford sein erstes Automobil produzierte und die Gebrüder Wright ihren ersten erfolgreichen Flug absolvierten, baute und verkaufte Harley-Davidson das erste Motorrad.

First Prize
July 4 '05
Five Mile Open
Won by
Walter Davidson

3

POKAL DES CHICAGOER MOTORRADCLUBS

William Harley und Arthur Davidson waren überzeugte Motorradfans und beileibe nicht nur nach Verkaufsmöglichkeiten suchende Unternehmer: Von Anfang an waren sie stark am Motorradsport interessiert. Erst mit dem Firmeneintritt von Walter Davidson, dem Bruder von Arthur Davidson, jedoch konnten sie im Rennsport richtig Fuß fassen. Walters große Leidenschaft galt dem Motorradfahren, nicht nur dem Bau von Motorrädern, und seine nicht zu bremsende Begeisterung für hohe Geschwindigkeiten festigte alsbald Harley-Davidsons Ansehen für Qualität und Leistung.

Dieser bescheidene silberne Pokal wurde Walter Davidson am 04. Juli 1905 anlässlich seines Siegs beim offenen Rennen des Chicagoer Motorradclubs über zehn Meilen überreicht. Es war Walters erster Titelgewinn auf nationaler Ebene. Als Harley-Davidson Motorräder an Zuverlässigkeit und Leistungsfähigkeit gewannen, wagte Walter Davidson größere Sprünge und nahm an anspruchsvolleren und prestigeträchtigeren Veranstaltungen teil. Seinen wichtigster Sieg errang er 1908 mit dem Gewinn des Ausdauer- und Zuverlässigkeits-Rennen des Verbandes Amerikanischer Motorradfahrer (FAM) in den New Yorker Catskill Mountains. Diese alljährliche Veranstaltung fand 1908 zum siebten Mal statt, und Walter schlug in dem zweitägigen Rennen über 356 Meilen mit einer beeindruckenden Punktzahl von 1000 Punkten fünfundsechzig Konkurrenten auf siebzehn verschiedenen Motorradmarken aus dem Feld (darunter auch die besten europäischen Modelle) und demonstrierte klar die Überlegenheit von Harley-Davidson Motorrädern.

Die Rivalität zwischen dem Emporkömmling Harley-Davidson und dem damals tonangebenden Unternehmen Indian versüßte dabei Walters Sieg zusätzlich. Noch schöner war es aber, dass Walter Davidson das ganze Rennen ohne fremde Hilfe alleine gemeistert hatte, wohingegen das Indian Team von einem Pannenfahrzeug mit den beiden Firmengründern George Hendee und Oscar Hedstrom und einem Haufen Ersatzteile und Werkzeug an Bord begleitet wurde.

Titelseite des Katalogs von 1909, Präsentation von Harley-Davidsons Motorradsport-Trophäen und -Auszeichnungen

Walter Davidson gewann drei Tage später auch noch den ersten Platz im FAM (Federation of American Motorcyclists) Wirtschaftlichkeits-Wettbewerb und fuhr 50 Meilen mit einer Quart und einer Unze Benzin (dies entspräche bei uns einem guten Liter). Die Preisrichter waren so beeindruckt, dass sie Davidson noch fünf weitere Bonuspunkte für Zuverlässigkeit und Gesamtleistung vergaben.

Walter Davidsons Diamant-Medaille der FAM wurde in der Werbung von 1909 besonders stark hervorgehoben und jeder weitere Titelgewinn war eine unbestreitbare Auszeichnung, die den Ruf der Marke weiter festigte. Nur ein paar Jahre später bekam der Motorradsport allerdings immensen Gegenwind aus der Öffentlichkeit. Bis dahin waren Bretterbahnrennen zu einer der beliebtesten Sportveranstaltungen in Amerika geworden und zogen bis zu zehntausend Zuschauer an, allerdings wurden sie innerhalb kürzester Zeit auch zum tödlichsten Sport Amerikas. Maschinen ohne Bremsen, die mit 100 Meilen die Stunde nur Zentimeter voneinander entfernt über ölgetränkte Holzbahnen donnerten, hatten unausweichlich die allerschlimmsten Unfälle zur Folge. Hunderte von Menschen, sowohl bei den Fahrern als auch unter den Zuschauern, verloren jährlich ihr Leben bei solchen Veranstaltungen. Der Rennsport wurde deshalb bald darauf von den führenden Motorradmarken, unter ihnen auch Harley-Davidson, freiwillig aufgegeben.

In der Broschüre „*The Harley-Davidson Dealer*“ aus dem September 1913 kann man lesen, dass das Unternehmen Motorräder für den besonnenen Fahrer zu dessen Vergnügen und dessen Transportzwecken fertigte und nicht wolle, dass die Maschinen von Verrückten gefahren würden. Nach offizieller Lesart unterstützte das Unternehmen Harley-Davidson den Motorsport nicht und nahm auch nicht an Rennveranstaltungen teil. Inoffiziell konnte das Unternehmen allerdings nicht verhehlen, dass der Motorsport die Verkaufszahlen befeuerte, auch wenn man sich öffentlichkeitswirksam davon distanzierte. Schon bald aber rühmte man sich bei Harley-Davidson unter der Hand der erzielten Erfolge und erfand den Werbeslogan *ohne unsere Hilfe*, der auf Werbematerialien der Liste der Erfolge angefügt wurde.

Noch 1913 hatte Arthur Davidson vehemente Artikel gegen den Rennsport geschrieben, so dass es eine ziemliche Überraschung war, als Harley-Davidson in allerletzter Minute die Teilnahme am Dodge City 300 Rennen in Dodge City, Kansas, im Juli 2014 bekanntgab. Obwohl Harley-Davidson sich erst in letzter Minute für das Rennen anmeldete, hatte sich das Unternehmen heimlich seit mindestens einem Jahr penibel darauf vorbereitet. Die Motor Company tauchte in Dodge City mit einem brandneuen V-Twin Race Bike (das Modell 11-K) und einem fünfköpfigen Rennteam auf. Hier wurde die legendäre Harley-Davidson „Wrecking Crew“ ins Leben gerufen. Harley-Davidson musste dem Konkurrenten Indian in 1914 noch den Gesamtsieg überlassen, dominierte aber mit seiner Wrecking Crew das Geschehen 1915 und 1916 ebenso wie in nahezu fast allen prestigeträchtigen zukünftigen amerikanischen Rennsport-Veranstaltungen.

20

Davidson and Turner Share Honors.

Walter Davidson, of Milwaukee, and J. A. Turner of the Chicago Motor Cycle Club, carried off all the honors at the race meet of that organization, held on the half-mile track at Crown Point, Ind., Thursday, 4th inst. Davidson and Turner each landed two firsts in fast times. Two thousand persons witnessed the races, which were run off without a hitch, the feature being a ten mile pursuit between Turner and H. Walters of the Malwaukee Motorcycle Club, which the former won in 15 minutes 30 seconds. The summaries:

One mile open—Won by Walter Davidson (Harley Davidson); second, Paul Hildebrand; third, George W. Lyons. Time, 1:34⅘.

Three mile open—Won by J. A. Turner (Armac); second, Walter Davidson; third, Fred Blankenheim. Time, 4:35.

Five mile open—Won by Walter Davidson; second, W. L. Walsh; third, J. A. Turner. Time, 7:32.

Ten mile pursuit between J. A. Turner, C. M. C., and H. Walters, Milwaukee M. C.—Won by Turner. Time 15:30.

This is the moto cycle I made with my engine

INDEX.

HOLDS STATE MOTOR CYCLE RECORD

…cle record for one mile during the auto …e of the track in a three-mile race June …

…Paul Stamson on an Indian at the last …

…e in 3:58 1-5.

HARLEY-DAVIDSON MOTOR CO.

Space No. 41—Armory Gallery

C. H. LANG, Representative,
35 E. ADAMS, ST.

YALE CALIFORNIA CYCLES.

This company is the maker of the Yale California and shows two machines which are on about the same general lines as the 1906 model. A new type of spring fork has been adopted which may be said to consist of two forks, the rear one directly connected to the head, and a forward one which is connected at its lower ends to the wheel. This is connected to the rear portion of the fork by means of a system of links similar to that employed in an old-fashioned parallel ruler. Other features such as the broad, flat belt combined with the spring idler and the large outside flywheel have been retained. A cylindrical gasoline tank has also been adopted, and an improved motion to their grip control so that it will tend to stay in the position fo which it has been set.

8

WALTER DAVIDSON,
Winner of Motorcycle Race on Harley-Davidson.

Pope-Hartford Driver Makes Clean Sweep in Automobile Derby at State Fair Park.

DEFEATS BARNEY OLDFIELD

Famous Driver Takes Novelty Race in Which All Other Starters Are Disqualified.

Harry Nelson in his Pope-Hartford touring car swept the boards in the Automobile Derby at State Fair park yesterday afternoon. The local driver in the big gray car won the three principal events of the day and carried off the Pabst Blue Ribbon, the Pfister, and the Radium Battery trophies, even though the famous Barney Oldfield raced against him.

Oldfield dropped in unexpectedly, and few knew that he was present until the fact was announced from the judges' stand. He did not have his Green Dragon with him and drove a Peerless roadster in the race for the Pabst trophy. He proved a slight disappointment to the spectators who evidently expected him to tear up the track in spite of the fact that he did not have his racing machine with him.

The work of Nelson and his Pope-Hartford in this race was the best of the day. The car carried a lower horsepower than that of any other machine in the event, but made a runaway race of it. Nelson got away in the lead with Oldfield second, Parks third, Milbrath fourth, and Jensen last. The latter had trouble with his machine at the start, and was nearly a quarter of a mile behind when he got going. Parks caught Oldfield on the back stretch and finished the first mile in second place, but he never got within hailing distance of Nelson. On the second mile Jensen passed Milbrath, gaining fourth position, and the cars traveled the remaining three miles without changing their respective positions. Nelson covered the five miles in 6 minutes, 40 seconds.

Pfister Trophy Race Close.

Nelson won the Radium Battery trophy by a large margin from three other starters, but was given a bad scare in the Pfister trophy event by Ilsley in his Columbia. There were only two starters, but the race was the most spirited event of the day. At no time in the race were the cars more than two lengths apart. Ilsley got away in the lead and held it for about a mile and a half, when Nelson's car spurted ahead. From that time until the finish it was nip and tuck between them. Ilsley made several attempts to pass his rival on the stretches, but Nelson always managed to keep his lead until he reached the turn where he would pull away again. There was only a length between them at the finish.

March in his little Ford runabout was another driver who made a good showing. He won the race for runabouts by nearly half a mile, covering the three miles in 4 minutes 39 seconds, and finished fourth in the Abresch trophy event, making a splendid showing, although competing with cars much larger and of greater horsepower.

The novelty race for the Huseby trophy was a fizzle as most novelty races are. There were four starters, but Barney Oldfield was the only one who went through the race without being disqualified. Each machine carried a driver and three passengers and was supposed to stop every quarter of a mile on the first lap to let a passenger off, and to stop and pick him up again on the next lap. Oldfield, however, was the only driver to bring his machine to a full stop at each quarter and although he finished third was given first place. There was considerable grumbling over the decision of the judges among the disqualified drivers.

Buick cars took first and second places in the race for the Abresch trophy. The second car owned by George Hewitt of Appleton arrived in Milwaukee yesterday morning at 11 o'clock after a tour of 2,600 miles through the state. Robinson, the colored driver was given permission to enter the race although it was not thought that the car would be in condition to make any speed. In spite of the fact, however, that the car was not tuned up for a race and the colored driver was marked with a large "23" the pair finished second by a good margin.

Mrs. T. B. Roach in a Rambler won the Gross trophy for women drivers. There were seven entries on the program, but the fair chauffeurs evidently lacked the nerve to drive before a crowd, and Mrs. Roach was the only one to start. She covered a mile in 2:05.

Good Work by Dusenberg.

Dusenberg in his Mason car made a good showing in every race in which he entered. He walked away with the Avery trophy in 7 minutes 52 seconds, and repeated the performance in the race for the Milwaukee Automobile Trade Association cup although the victory in the latter event was not so easy. He finished third in the Abresch trophy event and did the same in the struggle for the Radium Battery trophy although his car was not in the same class as the other starters.

Walter Davidson won both motor cycle events, making faster time than any of the motor cars. Starting from scratch in the Esser trophy event, he picked up his opponents one by one before half the race was over, and finished about a quarter of a mile in the lead. In the special event he was given a handicap of thirty seconds by George Lyon who rode a two cylinder Simplex-Beugues machine. He did not need the handicap however, for he crossed the line just forty seconds ahead of the foreign machine. Following are the summaries:

Milwaukee Automobile club trophy; three miles for runabouts—March (Ford), first; Casper (Earl), second; Jonas (Cadillac), third. Time, 4:39.

Avery trophy; five miles for runabouts—Dusenberg (Mason), first; Freitsch (Jackson), second; Ressler (Jackson), third. Time, 7:52.

Esser trophy, for motor cycles; five miles—Davidson, first; Hildebrand, second; Coulous, third. Time, 6:36.

Special race for motor cycles; five miles—Davidson, first; Lyon, second. Time, 6:46.

Pabst Blue Ribbon trophy; five miles for roadsters—Nelson (Pope-Hartford), first; Parks (Craig-Toledo), second; Oldfield (Peerless), third; Jensen (Wayne), fourth. Time, 6:40.

Milwaukee Automobile Trade Association trophy; five miles for touring cars—Dusenberg (Mason), first; Herner (Buick), second; Casper (Jackson), third. Time, 7:31.

Abresch trophy; five miles for touring cars or runabouts—Herner (Buick), first; Robinson (Buick), second; Dusenberg (Mason), third; March (Ford), fourth. Time, 7:16.

Gross trophy, for women drivers—Mrs. T. B. Roach (Rambler), first. No other starters. Time, 2:05.

Radium Battery trophy; five miles for touring cars—Nelson (Pope-Hartford), first; Hibbard (Oldsmobile), second; Dusenberg (Mason), third. Time, 6:49.

Sweepstakes, for private owners; five miles—Miller (Stoddard-Dayton), first; Hamilton (Pierce Arrow), second; Baird (De Luxe), third. Time, 7:14.

Pfister trophy; five miles for touring cars—Nelson (Pope-Hartford), first; Ilsley (Columbia), second. Time, 6:32.

Huseby trophy; three mile novelty race—Barney Oldfield (Peerless), first. All the other starters were disqualified. Time, 6:16.

5

THREE MILES

…e. Free-for-all. Standing start. H. B. Lasher Cup.
Sanctioned by the F. A. M.

Owner.	Driver.
Louis Hall	Louis Hall
Adolph Wicknick	Adolph Wicknick
A. T. Wilson	A. T. Wilson
Wm. H. Roberts	Wm. C. Rumford
John Bender	…ohn Bender
Harry Witham	Harry Witham
Alex. Klein	Alex. Klein
A. L. Hilaman	A. L. Hilaman
E. T. Banes	E. T. Banes
H. L. Ellis	H. L. Ellis
S. W. Kresser	S. W. Kresser
David Cullen	D. Cullen

Bessie Davidson scrapbook

Minutes of the First Meeting of the Board of Directors.

Meeting of the Board of Directors. Immediately following the adjournment of the first stockholders' meeting of the Corporation, the Board of Directors of said Corporation elected at said meeting met at 380 Chestnut St City of Milwaukee State of Wisconsin on the 17th day of Sept 1907 at 9 o'clock a.m.

The meeting was called to order by Walter Davidson and its object stated.

Chairman and Secretary Elected. On motion, duly made and carried, Walter Davidson was elected Chairman, and Arthur Davidson was elected Secretary of the meeting.

Directors Present. The Chairman then instructed the Secretary to read the list of Directors, and the following Directors were found to be present:

Wm S. Harley
Walter Davidson
Wm A Davidson
Arthur Davidson

Election of Officers. A quorum being present, on motion, duly made and carried, the Board proceeded to the election of officers of the Corporation to serve for the ensuing fiscal year.

On motion, duly made and carried, the following were elected to the office of—

President Walter Davidson
Vice-President Wm S Harley
Secretary Arthur Davidson
Treasurer Arthur Davidson

Seal. On motion, duly made and carried, the following resolution was adopted:

Resolved, That the Secretary be instructed to procure a seal having the following words shown thereon by the impression thereof Harley-Davidson Motor Co. Milwaukee Wis.

and the same is adopted as the corporate seal of this corporation, and the Secretary is hereby directed to take an impression upon the margin of the page of the records upon which this resolution shall be recorded for the purpose of future identification.

Minutes of the First Meeting of the Board of Directors—*Continued.*

On motion, duly made and carried, the following resolution was adopted:

Stock Certificates. *Resolved,* That the Secretary be instructed to purchase a book of stock certificates, to be issued upon subscription to the capital stock of this Corporation.

Committee on By-Laws. On motion, duly made and carried, a committee consisting of— The Board of Directors were appointed to prepare a form of By-Laws for the government of the affairs of the Corporation, and present the same to the Board of Directors for consideration at the earliest possible moment.

On motion, duly made and carried, the following resolution was adopted:

Treasurer's Bond. *Resolved,* That the Treasurer be and is hereby directed to execute and deliver to the Corporation a bond in the sum of ______ dollars, with ______ sureties to be approved by this Board, conditioned that he will account for all moneys and property that may come into his hands as Treasurer of this Corporation, as required by the By-Laws.

On motion, duly made and carried, the following resolution was adopted:

Payment for Stock. *Resolved,* That the sum of One hundred dollars on each and every share subscribed to the capital stock of this Corporation be paid to the Treasurer by the subscribers thereof respectively on or before the 17th day of Sept. 1907

File of Charter. On motion, duly made and carried, the Secretary was instructed to file the charter or articles of incorporation for public record, in accordance with the statutes in such case made and provided.

Blank Books and Stationery. On motion, duly made and carried, the Secretary was instructed to procure, at the expense of the Corporation, all the necessary stationery, blank books, etc., for the use of the Corporation.

Adoption of By-Laws. The committee appointed to prepare a form for By-Laws presented its report, with a code of By-Laws, which was, on motion, duly made and carried, adopted and ordered spread upon the minutes and the committee discharged.

Payment of Bills. On motion, duly made and carried, the Secretary was instructed to draw an order on the Treasurer for the payment of all bills for the expenses of incorporating and for the seal, stock certificates, records, etc.

On motion, duly made and carried, the following resolution was adopted:

Resolved, That until further action of this Board upon this subject, the Treasurer is instructed to pay out no money on account of this Corporation, except upon orders drawn by the Secretary and countersigned by the President.

On motion, duly made and carried, the meeting adjourned to 7th day of October 1907

Walter Davidson
President.

Attest:

Arthur Davidson
Secretary.

4

GRÜNDUNGSDOKUMENT

William Harley und Arthur Davidson bauten 1903 ihr erstes Motorrad. Nachdem sie zahlreiche technische Verbesserungen vorgenommen hatten, waren sie schon im darauffolgenden Jahr zu einer festen Größe im Geschäft geworden. Harley und Davidson inserierten 1905 ihre erste Werbeanzeige in einer Zeitschrift namens *Horseless Age* (übersetzt etwa: das Zeitalter ohne Pferd) und kurz darauf auch eine andere im *Automobile and Cycle Trade Journal,* in der sie nur Motoren zum Verkauf anboten. Im selben Jahr verkaufte der erste Harley-Davidson Händler, die Firma Carl H. Lang in Chicago, drei komplette Motorräder – das waren 60% der Jahresproduktion! 1906 produzierte Harley-Davidson zehnmal so viele Motorräder – etwa 50 Stück – mit einer sechs Mann starken Belegschaft, die in Vollzeit im neuen, ca. 270 Quadratmeter großen Firmengebäude an der damaligen Chestnut Street (heute Juneau Avenue) arbeitete. Das neue Gebäude war nur einen Steinwurf entfernt vom Haus der Davidsons, wo die erste Werkstatt stand. Getrieben von dieser Entwicklung, wurde das Jahr 1907 zum Wendepunkt: In diesem Jahr vollzog Harley-Davidson den Wandel vom produktiven Hobby zur vollwertigen Unternehmung.

Der Schuppen im Hinterhof der Familie Davidson in der 38. Strasse/Highland, in dem die Harley-Davidson Motor Company startete.

Die Harley-Davidson Motor Company wurde am 17. September 1907 in eine rechtsfähige Gesellschaft umgewandelt. Wenn Sie sich die an diesem Tag unterzeichnete Satzung genau ansehen, werden Sie feststellen, dass es sich hierbei nicht um ein sorgfältig ausgearbeitetes Rechtsdokument handelt, sondern um einfache Absichtserklärungen, die in einem Do-It-Yourself-Gründungshandbuch festgehalten wurden, das von einem ortsansässigen Schreibwarengeschäft in Milwaukee herausgegeben und verkauft wurde. Die schiere Existenz solcher Blanko-Gründungshandbücher sagt eine Menge über Milwaukee um die Jahrhundertwende aus. Milwaukee war damals bekannt als das *Maschinenwerk der ganzen Welt* – Schornsteine, soweit der Blick reichte, unzählige Werkstätten, Hütten und Gießereien innerhalb der Stadtgrenzen. Es war ein idealer Ort, um eine Motorradfirma zu gründen. Das Do-It-Yourself-Gründungshandbuch ist ein Beweis für den Gründer- und Unternehmergeist, der Milwaukee auszeichnete.

Die Harley-Davidson Motor Company hat gleich vier Gründerväter: William S. Harley, Arthur Davidson, Walter Davidson und William A. Davidson. William Harley und Arthur Davidson waren natürlich von Anbeginn dabei. Walter Davidson stieß 1903 dazu und gab dafür seine Stelle als Eisenbahnmechaniker auf. William A. Davidson war der letzte im Bunde und kam erst kurz vor der offiziellen Unternehmensgründung hinzu. Auch er war ein ehemaliger Eisenbahner und hatte bis dahin als Werkzeugmacher gearbeitet. Seine erste Aufgabe für das neue

Der Schuppen mit dem Anbau von 1904, noch immer hinten auf dem Hof der Familie Davidson in der 38. Strasse/Highland.

Rest

William Harley (2.von links), Walter Davidson (4. Von links) und Arthur Davidson (ganz rechts) auf der Veranda ihrer Hütte am Ripley-See in der Nähe von Cambridge, Wisconsin, um 1905.

Unternehmen bestand darin, die Beschaffung von Maschinenbau-Werkzeugen und Pressen zu überwachen, die das junge Unternehmen benötigte, um die ständig wachsende Nachfrage nach Motorrädern zu befriedigen.

Walter Davidson wurde zum ersten Geschäftsführer der Harley-Davidson Motor Company und zum Vorsitzenden des Verwaltungsrats ernannt. Weitere Mitglieder des Verwaltungsrats waren der Ingenieur Henry Melk, der Händler C. H. Lang und der Berater Frank Woods. William Harley hatte eine Doppelrolle als leitender Ingenieur und Kassenwart, und er behielt diese Aufgaben bis zu seinem Tod 1943. Arthur war der jüngste der drei Davidson-Brüder und die treibende Kraft beim Ausbau des nationalen und internationalen Händlernetzes. Er verantwortete auch die frühen werblichen Maßnahmen der Firma. William Davidson war der älteste der Brüder und wurde im Umfeld der Firma liebevoll *Old Bill* genannt; er war zuständig für den Produktionsbetrieb und für das Personalwesen.

Die ersten Aktien sind im Museum ausgestellt. Die Aktien wurden unter den vier Gründern aufgeteilt, allerdings nicht in gleichen Tranchen. William Harley gestaltete seinen Anteil so, dass er mehr Geld als Aktien erhielt, um damit seinen neu erworbenen Ingenieursgrad an der Universität von Wisconsin, Madison zu bezahlen. Harley war der Einzige unter den Vieren, der einen Universitätsabschluss hatte. Die verbliebenen Anteile wurden publik gemacht und zumeist an Familienmitglieder und Beschäftigte zum Preis von je 100 Dollar das Stück verkauft. Die Kapitaleinlage der neu gegründeten Firma betrug etwa 35.000 Dollar, wobei der Löwenanteil darauf verwandt wurde, das gerade fertiggestellte Fabrikgebäude in der Chestnut Street um ein zweites Stockwerk zu erweitern.

Der ursprüngliche Geschäftszweck der Harley-Davidson Motor Company – „die Herstellung und der Verkauf von Motorrädern, Motoren, Schiffsmotoren, Vorrichtungen und Geräten“ – verdient Beachtung. Stellten sich die Firmengründer mehr als nur ein Motorradunternehmen vor? Es gibt keine Belege dafür, dass Harley-Davidson je einen Schiffsmotor

CANTWELL, PRINTER, MADISON, WIS.

$ 170 Madison Wis., July 6th 1904

2 years after date, for value received, I promise to pay to the order of James McLay or order at his house the sum of one hundred & seventy Dollars,

With interest at the rate of 5 per cent. per annum after date until paid.

And to secure the payment of said amount, I hereby authorize, irrevocably, any attorney of any Court of Record, to appear for me in such Court, in term time or vacation, at any time hereafter, and confess a judgment, without process, in favor of the holder of this note, for such amount as may appear to be unpaid thereon, whether due or not, together with costs, and to waive and release all errors which may intervene in any such proceedings and to consent to immediate execution upon such judgment; hereby ratifying and confirming all that my said attorney may do by virtue hereof.

POST OFFICE ADDRESS,

No. Due 180

Arthur Davidson
Walter Davidson

Schuldschein über 170 Dollar von James McLay (auch bekannt als Honey Uncle), 1904

produziert hat, und es ist auch nicht bekannt, wie viele Motoren das Unternehmen jemals ohne Fahrzeug verkauft hat. Das Museum hat einige ungewöhnliche von Harley-Davidson motorisierte Geräte in seiner Ausstellung, darunter ein von einem Zweizylinder-V-Motor angetriebenes Minenfahrzeug, eine Zweizylinder-V-Motor-Eissäge und einen Zweizylinder-V-Motor-Schlitten aus Canvas-Planen (ein frühes Schneemobil), aber es ist nicht erkennbar, ob diese bei der Motor Company für diese Zwecke gekauft oder ob sie aus nicht benutzten oder ausgedienten Motorrädern gebaut wurden. Was immer die Gründer ursprünglich beabsichtigt hatten – Harley-Davidson wurde nahezu sofort und ausschließlich zu einem reinen Motoradhersteller.

Die neu gegründete Gesellschaft war auf Anhieb erfolgreich: Innerhalb von fünf Jahren, nämlich bis 1912, wurde die zweistöckige Holzwerkstatt durch ein knapp 28.000 Quadratmeter großes Backsteinfabrikgebäude ersetzt, in dem Jahr für Jahr Abertausende von Motorrädern gefertigt werden konnten. Die Geschichte von Harley-Davidson war märchenhaft.

In der Ausgabe des *Milwaukee Journal vom 31. März 1914* feierte man den übergroßen Erfolg Harley-Davidsons mit den Worten *„Nirgendwo in der Welt der Phantasie ließe sich eine faszinierendere Geschichte finden als diejenige, die von den Anfängen und dem folgenden phänomenalen Wachstum der Firma Harley-Davidson, Milwaukee, erzählt. Dieses, unser Land, ist tatsächlich das Land der unbegrenzten Möglichkeiten – die Geschichte von Harley-Davidson führt uns dies klar vor Augen."*

Vier einzigartig talentierte junge Männer haben die Harley-Davidson Motor Company aufgebaut, und es ist bemerkenswert, dass alle vier Gründer über dreißig Jahre hinweg, bis zum Ende ihrer Laufbahnen, tief in das Tagesgeschäft eingebunden blieben. Die vier Firmengründer waren zunächst Motorradenthusiasten und Autodidakten mit wenig Praxis-, Marketing- und Geschäftserfahrung, aber sie waren voller Begeisterung und Tatendrang – und sie teilten einen gemeinsamen Traum. Der Traum wurde 1907 mit der Unterzeichnung dieses Gründungsdokuments Wirklichkeit, und seitdem gibt Harley-Davidson ununterbrochen Gas.

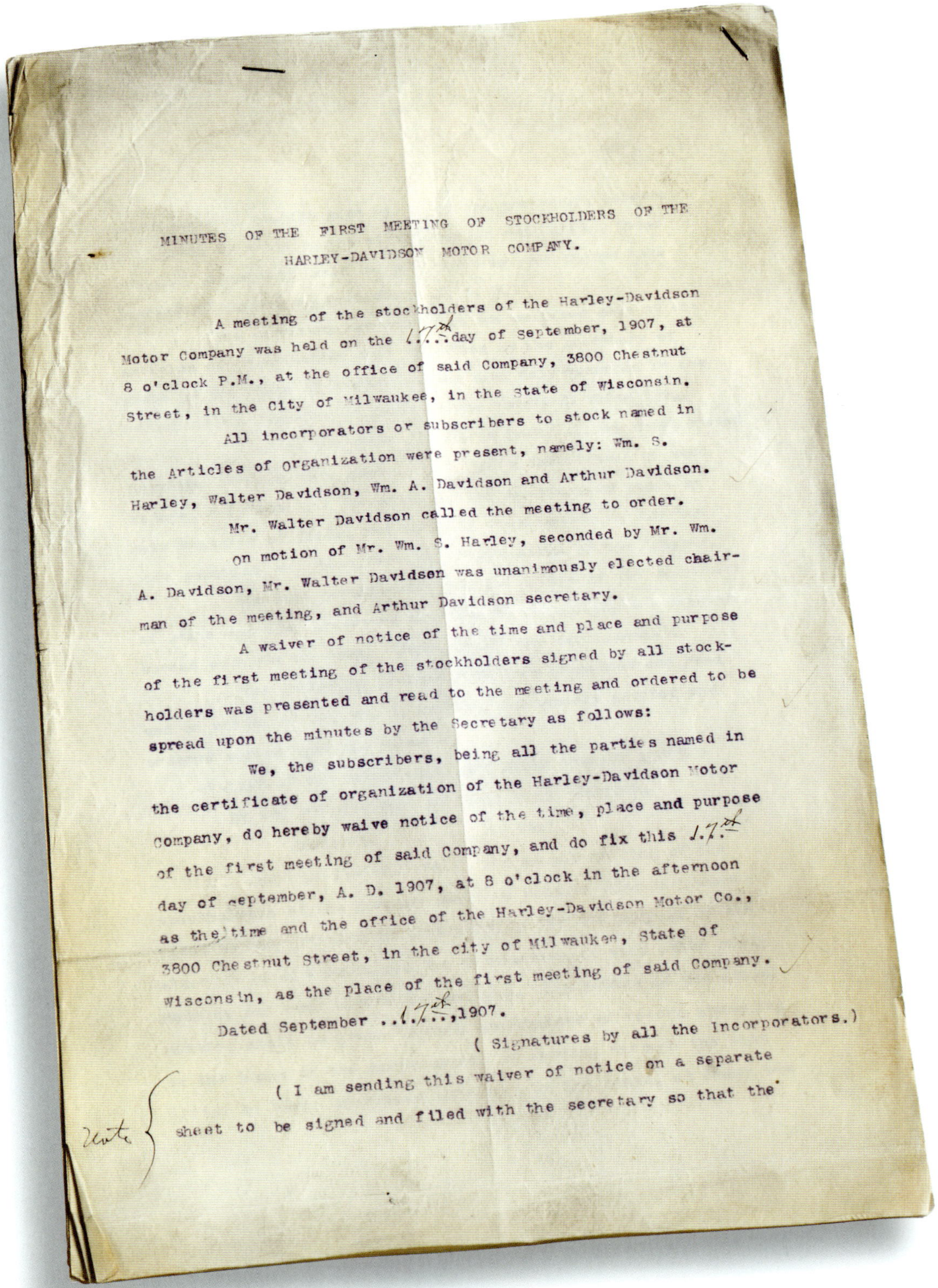

MINUTES OF THE FIRST MEETING OF STOCKHOLDERS OF THE HARLEY-DAVIDSON MOTOR COMPANY.

A meeting of the stockholders of the Harley-Davidson Motor Company was held on the 17th day of September, 1907, at 8 o'clock P.M., at the office of said Company, 3800 Chestnut Street, in the City of Milwaukee, in the state of Wisconsin.

All incorporators or subscribers to stock named in the Articles of Organization were present, namely: Wm. S. Harley, Walter Davidson, Wm. A. Davidson and Arthur Davidson.

Mr. Walter Davidson called the meeting to order.

On motion of Mr. Wm. S. Harley, seconded by Mr. Wm. A. Davidson, Mr. Walter Davidson was unanimously elected chairman of the meeting, and Arthur Davidson secretary.

A waiver of notice of the time and place and purpose of the first meeting of the stockholders signed by all stockholders was presented and read to the meeting and ordered to be spread upon the minutes by the Secretary as follows:

We, the subscribers, being all the parties named in the certificate of organization of the Harley-Davidson Motor Company, do hereby waive notice of the time, place and purpose of the first meeting of said Company, and do fix this 17th day of September, A. D. 1907, at 8 o'clock in the afternoon as the time and the office of the Harley-Davidson Motor Co., 3800 Chestnut Street, in the city of Milwaukee, State of Wisconsin, as the place of the first meeting of said Company.

Dated September ..17th..,1907.

(Signatures by all the Incorporators.)

Note (I am sending this waiver of notice on a separate sheet to be signed and filed with the secretary so that the

HARLEY-
DAVIDSON
1909

5

ERSTES V-TWIN-MOTORRAD

Es ist heute nahezu unmöglich, sich eine Harley-Davidson ohne V-Twin-Maschine vorzustellen. Seit 1978, als mit der SX 250 letztmalig eine Einzylindermaschine angeboten wurde, gibt es mit dem Harley-Davidson-Logo auf dem Tank nur noch Modelle mit Zweizylindermaschinen (V-Twin). „Der V-Twin-Motor ist der Herzschlag hinter allem, was wir tun", sagt der ehemalige Leiter der Styling-Abteilung, Willie G. Davidson, und in der Tat ist diese Konfiguration des Zweizylindermotors ein Erkennungsmerkmal von Harley-Davidson Motorrädern. Die V-Twin Maschine garantiert den charakteristischen *potato-potato-potato* Klang, der so unverwechselbar zu Harley-Davidson gehört, dass das Unternehmen in den 1990er Jahren sogar (erfolglos) versucht hat, ihn markenrechtlich schützen zu lassen.

Harley-Davidson hat den V-Twin allerdings nicht erfunden. Es war Glenn Curtiss, ein anderer Motorrad- und Luftfahrtpionier, der 1903 das erste V-Twin-Motorrad baute. Presseberichte deuten darauf hin, dass Harley-Davidson bereits im Jahr 1907 mit V-Twin-Motoren experimentierte (und ein derartiges Modell soll an einem Bergrennen in Chicago 1908 teilgenommen haben), aber erst 1909 stellte die Motor Company ihre erste serienreife V-Twin Maschine vor. Der stetig wachsende Wunsch nach mehr Leistung und höherer Geschwindigkeit hatte Harley-Davidsons Einzylindermaschinen an die Grenzen ihrer Möglichkeiten gebracht und Zuverlässigkeit und Fahrkomfort negativ beeinflusst. Das Hinzufügen eines zweiten Zylinders erhöhte nicht nur die Leistungsfähigkeit des Motors, sondern konnte auch dessen Beanspruchung senken und den Fahrkomfort durch weniger Vibration deutlich verbessern.

Die Aufnahme einer Zweizylindermaschine in die Modellpalette verbesserte zudem die Wettbewerbssituation, da der Erzrivale Indian Motorcycle V-Twin Motoren bereits seit 1906 im Angebot hatte.

Harley-Davidson entwickelte seinen ersten V-Twin Motor, indem einfach zwei Einzylinder-Motoren mit einer gemeinsamen Kurbelwelle in einem Motorgehäuse zusammengebracht wurden. Ein schmaler V-Winkel von 45 Grad hielt den Motor kompakt, so dass er in die Schleifenrahmen für die Einzylinder-Modelle hineinpasste. Dieser hastig zusammengeschusterte V-Twin war ein kompletter Fehlschlag. Komplikationen mit den primitiven Einlassventilen, die bei einem einzigen Ansaugtrakt zwischen den zwei Zylindern schlecht arbeiteten, führten zu einer Zweizylindermaschine, die nicht schneller war als die Einzylindermaschine, die sie ersetzen sollte, und zudem unzuverlässiger. Harley-Davidson stellte deshalb die Produktion dieses Motors nach nur einem Jahr ein und ging zurück ans Reißbrett.

Als das Modelljahr 1911 anlief, kam Harley-Davidson mit einer stark verbesserten V-Twin-Maschine auf den Markt: Dieser neue Motor hatte nun mechanisch betätigte Einlassventile mit Stößeln, die höhere Drehzahlen ermöglichten und damit auch mehr Leistung brachten. Der brandneue, 811 Kubikzentimeter-Motor leistete solide 11 PS, die völlig ausreichten, um steile Hügel zu bewältigen und eine Höchstgeschwindigkeit von annähernd 65 Meilen die Stunde (oder knapp 105 Stundenkilometer) zu garantieren. Die Kunden waren begeistert, und Harley-Davidson musste sich anstrengen, um mit der Nachfrage Schritt halten zu können. Die Produktion wurde mehr als verdreifacht, und schon im März 1913 stellte die Fabrik auf der Juneau Avenue alle sieben Minuten ein neues Motorrad fertig. 1914 verkürzte sich dieses Intervall auf nur noch fünf Minuten und dreißig Sekunden; die gesamte Jahresproduktion belief sich auf zwanzigtausend Motorräder – wovon die meisten V-Twins waren.

Der neue Motor war so erfolgreich, dass Harley-Davidson 1918 die Einzylindermotoren komplett aus dem Angebot nahm. Harley-Davidsons Basismotor F-Head-V-Twin trug das Unternehmen durch die kommenden fast zwanzig Jahre, bewährte sich auf den Schlachtfeldern des Ersten Weltkriegs und errang in den 1920ern einige der größten Siege im Motorrad-Rennsport. Zu dieser Zeit schien es, als sei die V-Twin-motorisierte Wrecking Crew von Harley-Davidson im Rennsport absolut unschlagbar. Dieser Lauf dauerte bis 1929, als der legendäre F-Head Motor durch den ersten 45 Kubikzoll (knapp 740 Kubikzentimeter) großen Flathead-V-Twin ersetzt wurde, ein weiteres legendäres Aggregat, das bemerkenswerterweise bis 1973 verbaut wurde.

Der V-Twin-Motor wurde ursprünglich wegen seiner guten mechanischen Eigenschaften bevorzugt eingebaut: Er war kompakt, effizient in seiner Leistung und überdies zuverlässig. Diese Eigenschaften gelten nach wie vor, aber von den Fans der Marke Harley-Davidson wird der V-Twin mittlerweile ebenso wegen seiner Ästhetik und skulpturalen Schönheit geschätzt. Wie ein Edelstein in seiner Fassung ruht er perfekt im Rahmen des Motorrads. Andere Motorkonzepte mögen kommen und gehen, aber für Harley-Davidson wird die 45 Grad-V-Twin-Maschine immer eine einzigartige stilistische Signatur und Ehrensache bleiben.

1911 F-Head

IGNITION TROUBLES
MISSING AT LOW SPEED
SPARK PLUG POINTS TOO CLOSE
DEFECTIVE SPARK PLUGS
CUTOUT SWITCH NOT CLOSING PROPERLY
WEAK BATTERY AND TOO MANY LIGHTS BURNING
LOOSE CONNECTION BETWEEN THE COIL AND
CIRCUIT BREAKER SCREW - TRY SCREW
IN BREAKER HOUSING.
TUNGSTEN WORN OFF OF LEVER AND SCREW.
(POINTS MAY BE LOOSE.)
CIRCUIT BREAKER BASE OILY AND DIRTY.-
NO GROUND CONTACT. (NOTE! SPARKING
WILL BE NOTICEABLE AT CONTROL
LEVER.-)
TIMER HOUSING NOT SECURED TO
END PLATE WITH SET SCREW.
DEFECTIVE COIL.
DEFECTIVE CONDENSER.
MISSING AT HIGH SPEED
ANY OF ABOVE FAULTS.
WEAK BRUSH SPRINGS
WEAK CONTACT LEVER SPRING
CRYSTALLIZED TUNGSTEN POINTS
ANY CAUSE THAT WILL ALLOW VOLTAGE TO
RAISE: LOOSE BATTERY CONNECTIONS
DOOR SWITCH ADJ. NO WATER IN BATT.
AND LOOSE TERMINALS
INTERMITTENT SHORT CIRCUITS
IN GEN. OR IGNITION WIRING.
CARBURETOR TROUBLES MAY APPEAR TO BE IGNITION TROUBLE
IGNITION ON DRY CELLS OR STORAGE BATTERY
CUTOUT
BREAKER POINTS
COIL PRIMARY
GROUND BRUSH TO PROTECT GENERATOR
500 MILES ON FULLY CHARGED BATTERY
HORN
DISCONNECT WIRE FROM REAR OF COIL
CONNECT TO DRY CELLS OR STORAGE BATTERY DIRECT TO REAR COIL TERMINAL
DISCONNECT THE RED GEN. WIRE AND GROUND IT

6

JOE RYANS SERVICE-NOTIZBÜCHER

Ja, es gibt tatsächlich eine Harley-Davidson-Universität, und nein, man kann sich nicht dort einschreiben, um seinen Master in Motorradwissenschaften zu machen. Es sei denn, Sie sind Mitarbeiter bei Harley-Davidson oder Mitarbeiter eines Harley-Davidson-Händlers. Die Harley-Davidson-Universität, besser bekannt als Harley-Davidson Service-Schule, bietet Weiterbildungen für Verkaufs- und Servicethemen. Dabei wurde diese Institution ursprünglich 1917 ins Leben gerufen, um Militärmechaniker am Vorabend der amerikanischen Beteiligung am Ersten Weltkrieg zu schulen.

Es dauerte nicht lange, bis Arthur Davidson den Wert dieser Schulungs- und Trainingsprogramme für die ständig wachsende Zahl der Harley-Davidson-Händler im ganzen Land erkannte. Nach dem Ende des Ersten Weltkriegs wurde die Einrichtung in Harley-Davidson Service-Schule umbenannt, und alle Mitarbeiter autorisierter Harley-Davidson-Händler konnten sich kostenfrei einschreiben lassen.

Joseph Ray Ryan war ein ehrgeiziger Werksmechaniker. Er wurde kurz nach seinem Unternehmenseintritt 1919 zum Direktor der Service-Schule befördert. Er sollte diese Position über vier Jahrzehnte lang innehaben, bis zu seinem endgültigen Ausscheiden aus dem Unternehmen 1963. Ryan ist einer der stillen, unbekannten Helden in der Geschichte Harley-Davidsons, und seine kompromisslose Arbeitsmoral, sein nicht enden wollender Enthusiasmus und sein ungebrochenes Streben nach Spitzenleistung spielten eine Schlüsselrolle für die Markenidentität von Harley-Davidson. Ryan betreute während seiner langen Laufbahn Tausende Händler und Mechaniker persönlich – durch individuelle Ratschläge, Empfehlungsschreiben, sogar durch gelegentliche finanzielle Hilfsleistungen – und hinterließ damit ein dauerhaftes Erbe, das weit über das Firmengelände hinausreicht. Seine Arbeit berührt bis heute nahezu jeden Aspekt der amerikanischen Motorradindustrie.

Das Harley-Davidson-Museum hat viele Objekte in seiner Sammlung, die mit Ryan verbunden sind. Es gibt allerdings nichts, was Ryans

Joseph Ryan lehrt in einer Service-Schule in Japan, 1928

Engagement und Hingabe so authetisch verkörpert wie seine persönlichen Notizbücher, von denen zwei Stück im Museum zu sehen sind. Diese ledergebundenen Notizbücher aus den 1920er Jahren enthalten Seite für Seite Anmerkungen und Hinweise, auf die Ryan während seiner Unterrichtsstunden Bezug genommen hat, sowie akribisch genaue technische Zeichnungen – viele davon mit Buntstiften gefertigt – die offenbaren, dass Ryan ebenfalls ein talentierter Illustrator gewesen ist.

Ryan war auch in anderen Funktionen für Harley-Davidson tätig: Er leitete den Teiledienst und arbeitete auch als Mechaniker für das Motorsport-Werksteam. In der Museumsausstellung findet sich eine Fotografie von Ryan aus dem Jahr 1925, die ihn am Rande des Baltimore-Washington-Speedways beim Tuning für den Rennfahrer Jim Davis zeigt; viel häufiger aber sind Fotos, auf denen er vor einem vollen Klassenzimmer steht oder mit einer Abschlussklasse für das traditionelle Gruppenfoto vor dem Firmengebäude in der Juneau Avenue posiert.

Ryan war sich der Bedeutung der Service-Schule und der Rolle, die seine Absolventen bei der Verbesserung von Kundenzufriedenheit und Kundenbindung spielten, bewusst. Es ging um weit mehr als darum, die Motorräder der Kunden funktionstüchtig zu halten. Bereits zu Beginn seiner Arbeit an der Service-Schule vermittelte er seinen Schülern seine Vorstellung von Service mit folgenden Worten: *„Wir begnügen uns nicht damit, ihnen (den Kunden) ein Motorrad verkauft zu haben. Wir wollen, dass ihnen ihre Harley-Davidson vollen Fahrgenuss, großes Vergnügen und Nutzen bereitet. Das bedeutet für uns, Teile herzurichten, Reparaturen durchzuführen, ihnen mit Rat und Tat zur Seite zu stehen und noch viele andere Dienstleistungen zu erbringen, die wir unter dem Begriff Service zusammenfassen.“* Im Laufe der Zeit erweiterte Ryan das Kursangebot immer mehr durch Verkaufsseminare, Management-Trainingsprogramme und sogar mit speziellen Kursen, die auf die Anforderungen derer zugeschnitten waren, die mit Nutzfahrzeugen, Polizeimotorrädern und Golfcarts (während der Zeit, in der Harley-Davidson diese fertigte) befasst waren.

Joe Ryans Service-Schule entwickelte sich kontinuierlich weiter, um den Bedürfnissen eines sich ebenfalls ständig fortentwickelnden Motorradunternehmens gerecht werden zu können. Den zahlreichen Aufzeichnungen seiner Schüler in den Museumsarchiven nach zu urteilen – und den vielen persönlichen Danksagungen, die er von ehemaligen Absolventen erhielt – waren die gründlichen Unterweisungen von Ryan überaus hilfreich. Ganze Händlergenerationen erlernten unter seinen wachsamen Augen ihr Handwerk und es ist ganz gewiss keine Untertreibung, dass Ryans Wissen einen enorm großen Einfluss darauf hatte, der Marke Harley-Davidson zu dem Ansehen zu verhelfen, das sie heute hat.

Cast iron or iron alloy
noticeable side play.
.0015 to .002 side play in
HARLEY-
DAVIDSON
SERVICE
HARLEY-
DAVIDSON
SERVICE
HARLEY-
DAVIDSON
SERVICE
HARLEY-
DAVIDSON

TO HELP YOU
SELL MORE
HARLEY-DAVIDSONS
How We Help You Follow
Up Inquiries from Prospects
HARLEY-DAVIDSON
MOTOR COMPANY
MILWAUKEE, WISCONSIN
Direct-Mail
Campaign
POWERFUL liter-
ature mailed by us
–to your prospects
–over your name.
You pay only a dime
per name for the
entire campaign.
Shows Results
in Actual Sales!
Wide Open!
Prospect's Name
Address
City, State

DOKUMENTE DER VERTRIEBSENTWICKLUNG

Das weltweite Händlernetz von Harley-Davidson umfasst eine kleine Armee von 1.400 Vertragshändlern und ist zugleich eines der größten Vermögenswerte des Unternehmens. Die Firmengründer erkannten früh die Bedeutung des Händlernetzwerks. Zum Zeitpunkt der Firmengründung von Harley-Davidson in 1907 gab es in den Vereinigten Staaten bereits mehr als vierzig etablierte Motorradhersteller, und engagierte Händler vor Ort waren häufig der Schlüssel für die Erschließung des Marktes. Ein unabhängiges und starkes Händlernetzwerk zu pflegen, war eine der besten Entscheidungen der Firmengründer.

Die ersten Händler waren häufig Motorradfans mit gleichem Glaubensbekenntnis wie die Gründer. Sie hatten ebenfalls deren missionarische Begeisterung für das Reisen auf zwei Rädern. Dabei verfügten sie über ganz unterschiedliche Hintergründe: Sie kamen aus dem Baustoffhandel oder aus dem Autogeschäft oder auch aus dem Sportartikelbereich. Alles, was sie mitbrachten, war die lodernde Flamme der Begeisterung für das Motorrad. Der erste Harley-Davidson Händler – und für lange Zeit auch der erfolgreichste – war C. H. Lang, ein Fabrikant für Klavierstimmwerkzeuge aus Chicago. Lang eröffnete seine Harley-Davidson Verkaufsvertretung 1904, also bereits drei Jahre vor der offiziellen Firmengründung 1907. Er erhoffte für sich ein profitables Geschäftsfeld neben seiner Manufaktur für Klavierstimmwerkzeuge. Harley-Davidson baute 1905 nur acht Motorräder, von denen drei durch Lang verkauft wurden. Im Jahr 1906 verkaufte der Händler Lang vierundzwanzig der insgesamt fünfzig gefertigten Harley-Davidson Motorräder und 1907 bereits vierundachtzig der einhundertfünfzig produzierten Maschinen. 1912 eröffnete Lang ein neues Geschäft auf Chicagos Michigan Avenue – der sogenannten Wundermeile – und sein Verkaufsvolumen schwoll auf beachtliche 800 Motorräder im Jahr an. Nun waren die Klavierwerkzeuge sein offizielles Nebengeschäft geworden.

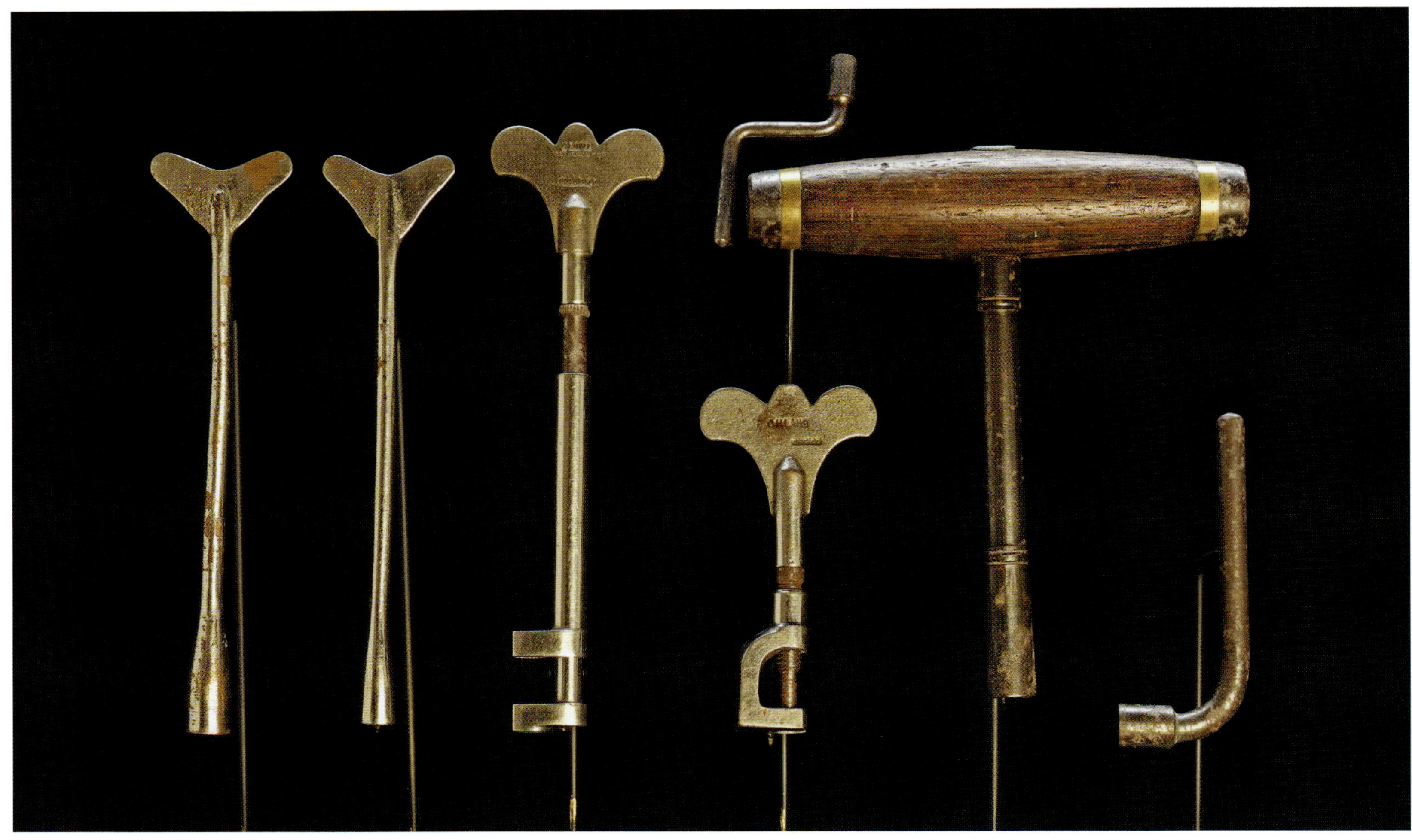

Klavierstimmwerkzeuge aus der Firma von C. H. Lang aus Chicago. Lang war einer der ersten und erfolgreichsten Harley-Davidson-Händler.

Der von Arthur Davidson angeführte Ausbau des Händlernetzes beschleunigte sich ab 1907. Im November desselben Jahres, nur zwei Monate nach der offiziellen Firmengründung, beschloss der Vorstand, an der Automobilmesse in Chicago teilzunehmen, um neue Händler zu rekrutieren. Sie wurden mit einem progressiven Rabattprogramm angelockt, das für jedes zusätzlich verkaufte Motorrad Preissenkungen gewährte (jedes fünfte verkaufte Motorrad wurde mit 30 Dollar rabattiert). Zu Beginn der kommenden Motorradsaison brach Arthur Davidson, natürlich auf einem Harley-Davidson Motorrad, zu einer Tour an die Ostküste auf, um dort persönlich Händler zu rekrutieren. Er war ein großer Geschichtenerzähler mit dem Herz am rechten Fleck und machte seine Sache herausragend gut. Zum Ende des Jahres 1908 gab es Harley-Davidson Händler in New York, Chicago, Philadelphia, Atlanta, Newark und in vielen anderen Städten. 1912 gab es bereits mehr als zweihundert Harley-Davidson-Händler in ganz Nordamerika. Das Unternehmen Harley-Davidson verkaufte in diesem Jahr mehr als 9.000 Motorräder.

800 Harley-Davidsons a Year.

The Harley-Davidson, taken on as a Side Line by a Manufacturer and Dealer in Piano Tuners' Tools, has Resulted in one of the Biggest Selling Successes we Know of.

C. H. LANG

Lang started selling Harley-Davidsons back in 1904, and has gradually increased his business until in 1912 he was selling 800 machines a year. Lang was a motorcycle rider even before he was a Harley-Davidson dealer. His business was the manufacture of piano tuners' tools. He had a small plant and store on East Adams street and it was in these sales rooms that he sold Harley-Davidsons for the first six or seven years.

Finally he outgrew these quarters and opened up one of the finest motorcycle stores I have ever seen, on Michigan avenue, near Seventeenth, where a good store rents for from five to six thousand dollars a year.

One of the first things a person notices in entering Mr. Lang's store is an old Harley-Davidson model. It was one of the first we built and has covered something over 100,000 miles in its ten years of existence. The machine is still in running order and was in daily operation on the streets of Chicago up until a few months ago when Mr. Lang traded the machine in as part payment on a late model.

The story of Mr. Lang's rapid rise in the motorcycle business is too well known to need any comment here. Lang says the Harley-Davidson is responsible for the size of his business but most certainly his own hard work has helped a good deal. Lang, we believe, is the only motorcycle dealer in Chicago who has handled one make for more than two or three years. Mr. Lang has sold the Harley-Davidson for ten and never handled any other.

GASOLINE AND OILS.
A.G. MUELLER,
GARAGE
HARLEY-DAVIDSON MOTOR CYCLES

1916 waren es bereits so viele Harley-Davidson-Händler, dass Arthur Davidson sich gezwungen sah, das Land in Verkaufsdistrikte aufzuteilen und Manager einzustellen, die diese leiten sollten. Das Unternehmen produzierte viele Infobroschüren und Werbematerialien, um neue Händler zu gewinnen und um die bereits etablierten zu unterstützen. Aus der selben Zeit stammt ein von Harley-Davidson herausgegebenes Firmenmagazin namens *The Harley-Davidson Dealer,* das die Verkaufsstellen umfänglich unterwies, vom Ladenaufbau über Marketinggrundlagen bis hin zu den neuesten Reparaturtechniken und Anleitungen. In einer Broschüre von 1916 heißt es, dass es Firmenpolitik sei, vollumfänglich mit den Harley-Davidson Händlern zusammenzuarbeiten, um eine dauerhafte und profitable Geschäftsentwicklung zu garantieren. Die Unternehmensliteratur betont dabei die Bedeutung eines sauberen, gut ausgeleuchteten und geschmackvoll eingerichteten Showrooms, um den *„positiven Gesamteindruck von Harley-Davidson"* gewährleisten zu können. Das Unternehmen erkannte bereits damals schon, dass ein gut erreichbarer und attraktiver Händler mit gut ausgebildeten und gut informierten Mitarbeitern über mäßige oder gute Verkaufszahlen entscheidet.

Die enge Beziehung zwischen Hersteller, Händler und Kunde ist auch heute noch kennzeichnend für die Marke Harley-Davidson und durch wechselseitige Loyalität geprägt. Schon von Anfang an begriffen die Firmengründer die Bedeutung einer engen Kundenbindung – und der Händler ist praktisch der erste Kunde des Unternehmens. Es ist eine dreiseitige Beziehung, die den Lauf der Zeit überdauert und Gemeinsamkeit erzeugt. Ohne die Existenz seines Händlernetzwerks wäre Harley-Davidson möglicherweise nur eine Fußnote in der Geschichte des Motorrads geblieben.

HARLEY DAVIDSON
HARLEY DAVIDSON
1904
1905
1907
1908
1909
1910
1911
1912
1932
1933
1934
1935
1936
1936
1937
1938

ANFÄNGE DER HARLEY-DAVIDSON MUSEUMS-SAMMLUNG

Obwohl es keine eindeutigen Aufzeichnungen gibt, deutet alles darauf hin, dass Harley-Davidson etwa um 1915 damit begann, systematisch die erstaunliche Sammlung von Motorrädern, die wir heute im Museum bewundern können, zusammenzutragen. Die Legende besagt, dass es 1915 war, als das Unternehmen damit anfing, in jedem Produktionsjahr eine Maschine „vom Band zu nehmen" und aufzubewahren.

Es wird vermutet, dass der Impuls, Motorräder zu sammeln, etwas mit der Teilnahme Harley-Davidsons an der Panama Pacific Exposition 1915 zu tun haben könnte. Diese Weltausstellung feierte die Fertigstellung des Panamakanals und fand in San Francisco statt. Die Motorräder Harley-Davidsons wurden in der Halle zum Verkehrswesen neben Modellen der Marken Indian, Excelsior und Dayton ausgestellt, und es ist wahrscheinlich, dass der große Erfolg dieser Ausstellung (die das Motorrad übrigens als bedeutende Verkehrsinnovation feierte) die Verantwortlichen bei Harley-Davidson dazu anregte, sich intensiver mit der eigenen Entwicklung zu befassen.

Zu dieser Zeit begann Harley-Davidson also damit, aus jedem Produktionsjahr mindestens ein Modell beiseite zu stellen und rückwirkend auch exemplarisch Motorräder aus den Jahren zuvor zu sammeln oder in einigen Fällen auch nachzubauen. Diese Kernsammlung beinhaltet Modelle, die den Produktionsläufen unmittelbar entnommen wurden, in Einzelfällen auch solche aus der Vorproduktion und Testläufen.

In der ersten Zeit war die Sammlung in der Juneau Avenue untergebracht, doch wurde sie immer wieder verlagert. In den 1950er Jahren wurde sie in das nahegelegene Werk am Capitol Drive verbracht, danach wurde sie in den späten 1970er Jahren nach York in Pennsylvania umgelagert, um zuletzt doch wieder nach Milwaukee zurückzukehren. Heute befindet sich die Motorradkollektion im Museum „The Road" , der linearen Galerie aus schwarzem, poliertem Beton, die sich über die gesamte Länge des Gebäudes erstreckt. Hier sind mehr als 70 Motorradmodelle in Dreihereihe nebeneinander angeordnet und bilden quasi das Rückgrat des Museums.

Etwa 500 Motorräder befinden sich im Archiv, davon ist die große Mehrzahl noch in unrestauriertem Zustand. Es ist eine der größten und ursprünglichsten Motorradsammlungen weltweit. Die Mehrzahl dieser Motorräder hat keine nennenswerte Kilometerzahl auf dem Tacho, sie wurden lediglich von vorne nach hinten und zurück aus den Archiven hin und her bewegt. Gegenstände, die mit der Zeit verschleißen oder vergilben, wie Gummireifen oder Handgriffe, werden ersetzt wenn nötig, aber als Faustregel gilt, dass die Restaurierung nur die letzte Option ist. Im Grunde kann ein Fahrzeug nämlich nur einmal original sein, und Sie werden wahrscheinlich nirgendwo so viele Originale finden wie im Harley-Davidson Museum.

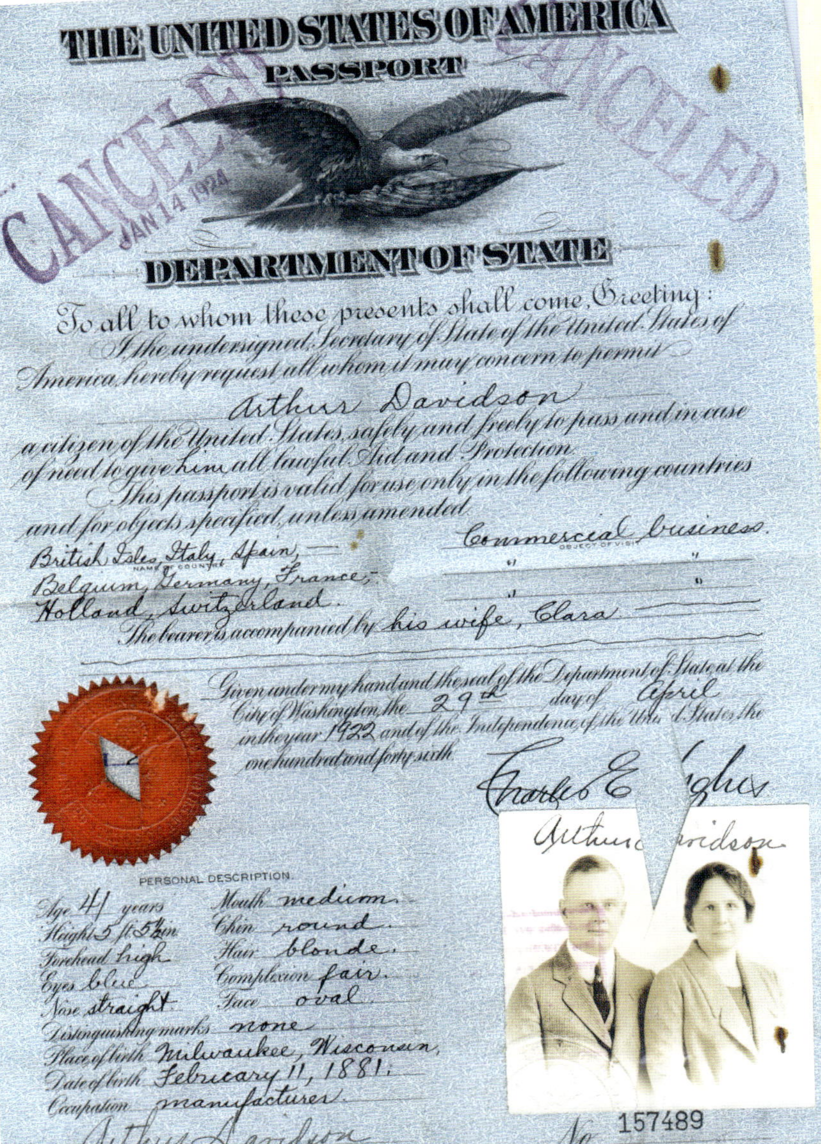

THE UNITED STATES OF AMERICA
PASSPORT

CANCELED CANCELED
JAN 14 1924

DEPARTMENT OF STATE

To all to whom these presents shall come, Greeting:
I the undersigned, Secretary of State of the United States of America, hereby request all whom it may concern to permit
Arthur Davidson
a citizen of the United States, safely and freely to pass and in case of need to give him all lawful Aid and Protection.
This passport is valid for use only in the following countries and for objects specified, unless amended.

British Isles, Italy, Spain, — (NAME OF COUNTRY) Commercial business (OBJECT OF VISIT)
Belgium, Germany, France, — "
Holland, Switzerland. — "

The bearer is accompanied by his wife, Clara

Given under my hand and the seal of the Department of State at the City of Washington the 29th day of April in the year 1922 and of the Independence of the United States the one hundred and forty sixth.

Charles E. Hughes

PERSONAL DESCRIPTION.

Age 41 years
Height 5 ft 5½ in
Forehead high
Eyes blue
Nose straight
Mouth medium
Chin round
Hair blonde
Complexion fair
Face oval
Distinguishing marks none
Place of birth Milwaukee, Wisconsin
Date of birth February 11, 1881.
Occupation manufacturer

Arthur Davidson
SIGNATURE OF BEARER

No 157489

THE PERSON TO WHOM THIS PASSPORT IS ISSUED HAS DECLARED UNDER OATH, THAT he DESIRES IT FOR USE IN VISITING THE COUNTRIES HEREINAFTER NAMED FOR THE FOLLOWING OBJECTS

Remaining in England & Scotland
(NAME OF COUNTRY) (OBJECT OF VISIT)
on Motor-cycle business
(NAME OF COUNTRY) (OBJECT OF VISIT)
Returning to the United States of America
(NAME OF COUNTRY) (OBJECT OF VISIT)

THIS PASSPORT IS NOT VALID FOR USE IN OTHER COUNTRIES EXCEPT FOR NECESSARY TRANSIT TO OR FROM THE COUNTRIES NAMED.

Good only for Two months from date

Embassy of the United States of America at London, England.

To all to whom these presents shall come, Greeting:

I, the undersigned, Ambassador Extraordinary and Plenipotentiary of the United States of America, hereby request all whom it may concern to permit Arthur Davidson a Citizen of the United States safely and freely to pass, and in case of need to give him all lawful Aid and Protection.

Description

Age 32 Years
Stature 5 Feet 6 Inches Eng.
Forehead high
Eyes blue
Nose regular
Mouth medium
Chin square
Hair fair
Complexion fair
Face square

Signature of the Bearer
Arthur Davidson

Given under my hand and the Seal of the Embassy of the United States at London, the 9th day of December in the year 1915 and of the Independence of the United States the one hundred and 39th

Walter Hines Page

No 4646

9

ARTHUR DAVIDSONS PÄSSE

Die ersten Jahre von Harley-Davidson waren gekennzeichnet durch ein fast exponentielles Wachstum, und dieses Wachstum beschränkte sich keinesfalls nur auf die Vereinigten Staaten von Amerika. 1912 war Harley-Davidson in Amerika bereits gut eingeführt und hatte rund 200 Händler, die insgesamt neuntausend Motorräder verkauften. Der Firmenname war in aller Munde. Noch im selben Jahr gründete Harley-Davidson seine erste internationale Vertriebsgesellschaft in Japan und verkaufte damit erstmals Motorräder außerhalb der amerikanischen Grenzen.

Der europäische Vertriebsstandort wurde 1914 über ein Londoner Büro gegründet – intern als „Auslandsniederlassung“ bezeichnet – und London wurde bald zur Drehscheibe für die gesamten Verkäufe außerhalb Nord- und Südamerikas. Das Büro in London spielte eine sehr große Rolle für den Ausbau der Marktposition in zahlreichen europäischen Staaten sowie auch in Indien, Russland und Südafrika.

Verkaufsleiter Arthur Davidson trieb diese aggressive Expansionsstrategie beherzt voran. Die Museumssammlung besitzt viele Artefakte, die seine häufigen Auslandsreisen unter Beweis stellen. Dieser Ausweis von 1917 vermittelt uns Details über eine Geschäftsreise nach Australien und Neuseeland. Davidson verreiste überaus gerne, und seine Frau Clara teilte seine Leidenschaft für das Abenteuer unterwegs. Sie begleitete ihn oft. Firmendokumente belegen eine erste Auslandsreise für 1915, als Davidson nach England und Schottland reiste. Aus Schottland stammten seine Vorfahren. Clara begleitete ihn auf der Reise 1917, die sie nicht nur nach Australien und Neuseeland, sondern auch nach Tasmanien und nach Pago Pago, der Hauptstadt von Amerikanisch Samoa, führte.

Beachten Sie, dass das Reisedokument Davidsons aus dem Jahr 1917 nur wenig Ähnlichkeit mit einem heutigen Pass hat. Vor dem Ersten Weltkrieg war ein typisch amerikanisches Passdokument ein überdimensionales, ca. 28 x 44 cm großes Dokument mit einem großen Siegel des US-Außenamts am oberen Rand (wiederholt in rotem Wachs am unteren

Dokumentenbereich), Platz für die Personenbeschreibung des Ausweisträgers und dessen Unterschrift sowie reichlich Raum für Zusätze wie etwa „reist in Begleitung seiner Frau“. Die Beschriftung war übertrieben kunstvoll gestaltet. Die frühen Reisedokumente hatten eine Doppelfunktion und waren auch Arbeitsvisa. Spätere Reiseausweise in der Sammlung dokumentieren auch den Zweck von Davidsons Reisen, wie etwa Geschäftsreise oder noch spezifischer Geschäftsreise für das „Motorradbusiness“.

Im Jahr 1920 war Harley-Davidson der größte Motorradhersteller weltweit mit operativen Niederlassungen in 67 Ländern. Das Unternehmen hatte Repräsentanten an weit verstreuten Standorten wie Australien, den Niederlanden, Südafrika und Argentinien, um den weiteren Ausbau des internationalen Geschäfts voranzutreiben. Die Museumssammlung besitzt eine Kollektion von Postkarten mit Werbung, die von den Repäsentanten weltweit dazu benutzt wurden, die Marke Harley-Davidson bekannt zu machen. Das Museum besitzt auch viele fremdsprachige Marketingbroschüren aus den späten 1920er Jahren, unter anderem solche aus Japan, den Niederlanden und Spanien. Es gibt sogar einen chinesischen Modelljahreskatalog von 1928. Die Reichweite des Unternehmens war groß geworden.

Diese frühe und aggressive Auslandsexpansion spielte eine Schlüsselrolle für das Wachstum und Wohlergehen Harley-Davidsons in den 1920er Jahren, vor allem deshalb, weil der nordamerikanische Markt für Motorräder in eine tiefe Rezession rutschte und gleichzeitig durch das Aufkommen von preisgünstigen und praktischen Fahrzeugen der amerikanischen Automobilhersteller unter Druck geriet. Zur selben Zeit war in vielen Teilen Europas die Nachfrage nach Harley-Davidson-Motorrädern höher als die Zahl der verfügbaren Maschinen – ein starker Kontrast zum immer stärker schrumpfenden Heimatmarkt. Während einiger Jahre in den 1920ern machte der Auslandsverkauf annähernd 75% des von inländischen Händlern erwirtschafteten Betrages aus.

Harley-Davidson zeigt heute weltweit Präsenz; tatsächlich ist es sogar so, dass das Unternehmen seine internationale Reichweite vergrößert. Bedeutende Wachstumsraten wurden in den letzten Jahren in Afrika und dem Mittleren Osten erzielt. Die anhaltenden Verkaufserfolge in Indien, Ostasien und anderen expandierenden Märkten unterstützen das Unternehmen weiter auf seinem erfolgreichen Weg. Das Unternehmen hat derzeit Montagewerke in Indien und Brasilien, hat aber kürzlich den Bau einer zusätzlichen Montageeinrichtung in Thailand angekündigt, um den asiatisch-pazifischen Raum besser bedienen zu können. Harley-Davidson mag eine uramerikanische Motorradmarke sein, aber der freiheitsliebende Geist Harley-Davidsons übt heute wie damals eine mächtige Faszination weit jenseits der Grenzen Amerikas aus.

¡La Motocicleta S
De Dos Cilindros — 1200 c. c.
No tiene igual como moto sola o con side-car por su gran potencia, velocidad pasmosa y maravillosa facilidad y confort con que camina. Posee todas las famosas características Harley-Davidson: poste de asiento de resorte, tijeras delanteras de resorte y neumáticos balloon.
De Dos Cilindros — 1200 c. c. Con Doble Eje de Levas
El modelo más veloz para uso ordinario que fabrica la Harley-Davidson. El trabajo independiente de las levas regulariza perfectamente los tiempos del motor, aumenta la compresión y da más revoluciones por minuto. — Este es el secreto de su aceleración instantánea, de su vertiginosa velocidad y de su estupenda potencia.
Motocamión Repartidor MXP
Muchos comerciantes están mejorando su servicio de reparto y aumentando sus ventas con el uso de los rápidos y bien construidos Carritos Repartidores Harley-Davidson. Es el vehículo repartidor más económico que se conoce. Reduce en dos terceras partes el costo de reparto por cualquier otro medio automotriz y con este ahorro se compra un motocamión.
EN mañanas estivales, bajo cielo turquí
aire fresco y puro a la velocidad del viento,
de ricas cosechas — por elegantes
olas rumorosas del océano se quiebran azotando
escarpadas montañas hasta traspasar las crestas
majestuosa fiera, abriéndose paso por abruptos
pero siempre dominada por la mano que la guía. .
los quince, los treinta, los cincuenta
siempre vastos horizontes, multicolores paisajes
de alegría, de juventud. . . . ! ¡Eso es
La Harley-Davidson por doquiera es la
de millares de entusiastas deportistas. Es
que, al potente vibrar de sus entrañas de
haciendo de cada minuto un momento de
motocicleta tan cómoda, tan suave al
Por su hermosa apariencia, por su correcto
Harley-Davidson goza de popularidad
es la Motocicleta Suprema!
HARLEY - D
中國總經理
上海南京路同昌車行
Chinese 1928
HARLEY-DAVIDSON
Dong Chong Cycle & Motor Co.
上海南京路
同昌車行經理
Sole Agent
P34 4-6 Nanking Road, Shanghai

SPEED DEMON

Walker,

10

OTTO WALKERS ALBUM

Otto Walker war einer der ersten Fahrer der Harley-Davidson Wrecking Crew, als die Motorradfirma 1914 „offiziell" zum Rennsport zurückkehrte. Wichtiger aber ist, dass Walker den ersten nationalen Titel für Harley-Davidson beim 300-Meilen-Straßenrennen des Verbandes amerikanischer Motorradfahrer FAM in Venice, Kalifornien, am 4. April 1915 gewann. Walker gehörte zu den Fahrern mit den meisten Siegen in der Frühzeit der Wrecking Crew. Er fuhr mehrere Geschwindigkeitsrekorde während seiner acht Jahre währenden Karriere als Profi-Rennfahrer. In 1921 erhielt er die Auszeichnung, der erste Motorradrennfahrer mit einer durchschnittlichen Stundengeschwindigkeit von 100 Meilen (ca. 160 km/h) in einem Rennen gewesen zu sein.

Walker war nicht nur ein Magier auf der Rennstrecke, er war auch ein ebenso guter dokumentarischer Zeitzeuge. Sein Album ist ein einzigartiges Unikat mit Seiten voller Fotos, Zeitungsschnipsel und anderen Materialien, die seine Ausbeute aus den Rennen von 1919 bis 1921 dokumentieren. Sein Album katalogisiert nicht nur die eigenen Erfolge, sondern auch die seiner Teamkollegen wie Leslie „Red" Pankhurst oder Albert „Shrimp" Burns während dieser überaus erfolgreichen Jahre der Wrecking Crew. Walkers Album ist eine Schatztruhe voller Reminiszenzen an die Frühzeit des amerikanischen Motorradsports. Er beschreibt die Rennfahrer, ihre Motorräder und die damals wichtigen Wettkampfstätten mit einer einzigartigen persönlichen Note.

Der in Kalifornien geborene Walker, dessen Spitzname „Kamelbuckel" auf seine Angewohnheit zurückzuführen war, mit gebogenem Rücken zu fuhren (er behauptete, das ihm das einen aerodynamischen Vorteil verschaffte), war an der Westküste ein außerordentlich erfolgreicher Amateur gewesen, ehe er zur Wrecking Crew stieß. Otto Walker wurde Profi zum Start der Saison 1914 und erlitt fast unmittelbar danach einen Unfall, der ihn für den Rest des Jahres außer Gefecht setzte. Dafür kam er 1915 umso stärker zurück und bescherte Harley-Davidson den Sieg beim Straßenrennen in Venice in Kalifornien. Er verwies unerwartet alle anderen großen Teams auf die Plätze, obwohl er auf einem Harley-Davidson Serienmotorrad fuhr. Unmittelbar darauf holte Walker im Juli 1915 einen noch eindrucksvolleren Titel beim prestigeträchtigen Dodge City Rennen über 300 Meilen. Es war das größte Motorradrennen in Nordamerika.

Am Dodge City Rennen dieses Jahres nahmen neunundzwanzig Werksfahrer von sechs verschiedenen Motorradherstellern teil. Es gab danach keinen Zweifel mehr: Walker war der beste Rennfahrer, und eine Harley-Davidson-Maschine war jetzt das Maß aller Dinge.

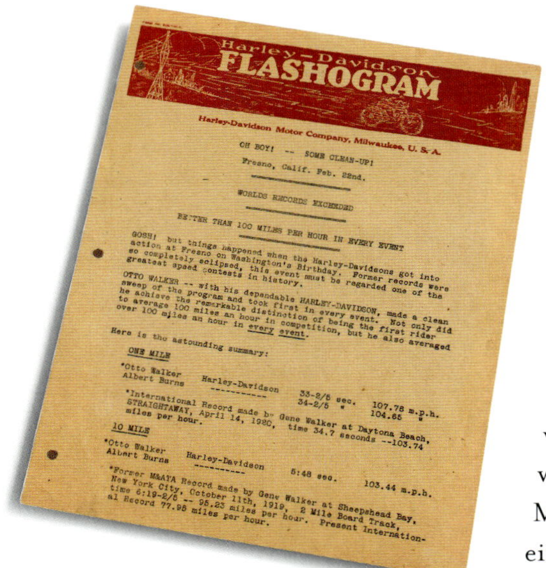

Harley-Davidson
FLASHOGRAM
Harley-Davidson Motor Company, Milwaukee, U. S. A.

OH BOY! -- SOME CLEAN-UP!
Fresno, Calif. Feb. 22nd.

WORLDS RECORDS EXCEEDED

BETTER THAN 100 MILES PER HOUR IN EVERY EVENT

GOSH! but things happened when the Harley-Davidsons got into action at Fresno on Washington's Birthday. Former records were so completely eclipsed, this event must be regarded one of the greatest speed contests in history.

OTTO WALKER -- with his dependable HARLEY-DAVIDSON, made a clean sweep of the program and took first in every event. Not only did he achieve the remarkable distinction of being the first rider to average 100 miles an hour in competition, but he also averaged over 100 miles an hour in every event.

Here is the astounding summary:

ONE MILE

*Otto Walker	Harley-Davidson	33-2/5 sec.	107.78 m.p.h.
Albert Burns	"	34-2/5 "	104.65 "

*International Record made by Gene Walker at Daytona Beach, STRAIGHTAWAY, April 14, 1920, time 34.7 seconds --103.74 miles per hour.

10 MILE

*Otto Walker	Harley-Davidson	5:48 sec.	103.44 m.p.h.
Albert Burns	"		

*Former M&ATA Record made by Gene Walker at Sheepshead Bay, New York City, October 11th, 1919, 2 Mile Board Track, time 6:19-2/5 -- 95.23 miles per hour. Present International Record 77.96 miles per hour.

Walker stand während des größten Teils der Saison 1916 an der Seitenlinie, weil er sein Bein bei einem Unfall in Chicago verletzt hatte. Sobald er soweit wiederhergestellt war, dass er gehen konnte, meldete er sich bei der Armee, um seinen Dienst während des ersten Weltkriegs abzuleisten (seine militärischen Abzeichen sind übrigens auch im Museum zu sehen). Er diente zwei Jahre lang als Flugzeugelektriker.

Unmittelbar nach seiner Entlassung aus dem Wehrdienst erhielt Walker ein Telegramm von Harley-Davidson-Rennleiter Bill Ottaway mit dem Angebot, sich der Wrecking Crew beim Straßenrennen von Marion in Indiana, anzuschließen. Walker sagte zu und erschien am Startlinie in Marion mit einer Kopfbedeckung, die sein Markenzeichen werden sollte: Es war ein deutscher Fliegerhelm, den er aus seiner Zeit in Übersee gerettet hatte.

Dieses Labour-Day-Rennen in Marion markierte inoffiziell die Rückkehr des amerikanischen Motorradsports nach dem ersten Weltkrieg. Es war eine unglaublich populäre Veranstaltung mit mehr als fünfzehntausend Zuschauern, manche kamen sogar auf dem Motorrad von der Westküste. In diesem Rennen wurde Walker Zweiter hinter dem Erstplatzierten Red Parkhurst, wobei die drei ersten Plätze auf dem Siegertreppchen allesamt durch Harley-Davidson Fahrer erobert wurden. Walker kehrte jedoch 1920 auf die Überholspur zurück und holte sich die Titel bei den beiden größten Motorradrennen in Amerika. Walkers erstes siegreiches Rennen waren die 2 Meilen auf der legendären Rennbahn von Sheepshead Bay in Brooklyn, New York, wo er vor einem Publikum von siebzehntausend Menschen die zwei Meilen lange Rennstrecke binnen einer Minute mit durchschnittlich 96 Meilen die Stunde (knapp 155 km/h) entlangjagte. Der nächste Sieg kam mit dem Titel beim nationalen 100-Meilen-Rennen von Ascot Park in Los Angeles, wo er dem Unternehmen Harley-Davidson bewies, dass mit ihm bei wichtigen Rennveranstaltungen zu rechnen war.

Walker feierte seinen größten Triumph aber am 2. Februar des Jahres 1921 bei einem nicht titel-relevanten Rennen in Fresno, Kalifornien: Hier erreichte er auf der Harley-Davidson Achtventil-V-Twin eine Durchschnittsgeschwindigkeit von 100 Meilen die Stunde (ca. 161 km/h) und gewann. Harley-Davidson feierte Walkers Leistung, wie zu erwarten war, gebührend mit einem landesweiten, „Flashogram“ betitelten Extrablatt mit der Überschrift: „Oh Boy, Some Clean-Up“ (etwa: *Junge, ordentlich abgesahnt!*“) In der Hoffnung, ein solches Paradestück noch einmal gewinnbringend für sich nutzen zu können, mietete Harley-Davidson am 22. Januar 1922 den legendären Beverly Hills Speedway für einen zweiten Versuch, die 100 Meilen binnen einer Stunde zurückzulegen. Ärger mit dem Motor ließ dieses Vorhaben scheitern, aber Walker war immerhin in der Lage gewesen, sechs amerikanische Geschwindigkeitsrekorde über Distanzen zwischen einer und fünfzig Meilen zu brechen. Alle diese Geschichten und noch viele andere mehr haben ihren Platz in Walkers Album gefunden – Zeugnisse einer bemerkenswerten Karriere, die Otto Walker mit seinem Rückzug aus dem Motorradsport am Ende der Saison 1922 beendete, als er auf dem Höhepunkt angekommen war.

HARLEY DAVIDSON
TROPHY
AWARDED TO
Otto Walker,
IN COMMEMORATION OF HIS ACHIEVEMENT
IN BEING FIRST TO ATTAIN
OVER 100 MILES AN HOUR
IN A
COMPETITIVE MOTORCYCLE RACE,
AND FOR HIS TRIUMPH
IN EVERY EVENT ON THE PROGRAM,
THE 1, 10, 15 AND 50 MILE RACES
AT
FRESNO, CALIFORNIA.
FEB. 22-1921.
HARLEY-DAVIDSON
MOTOR CO.

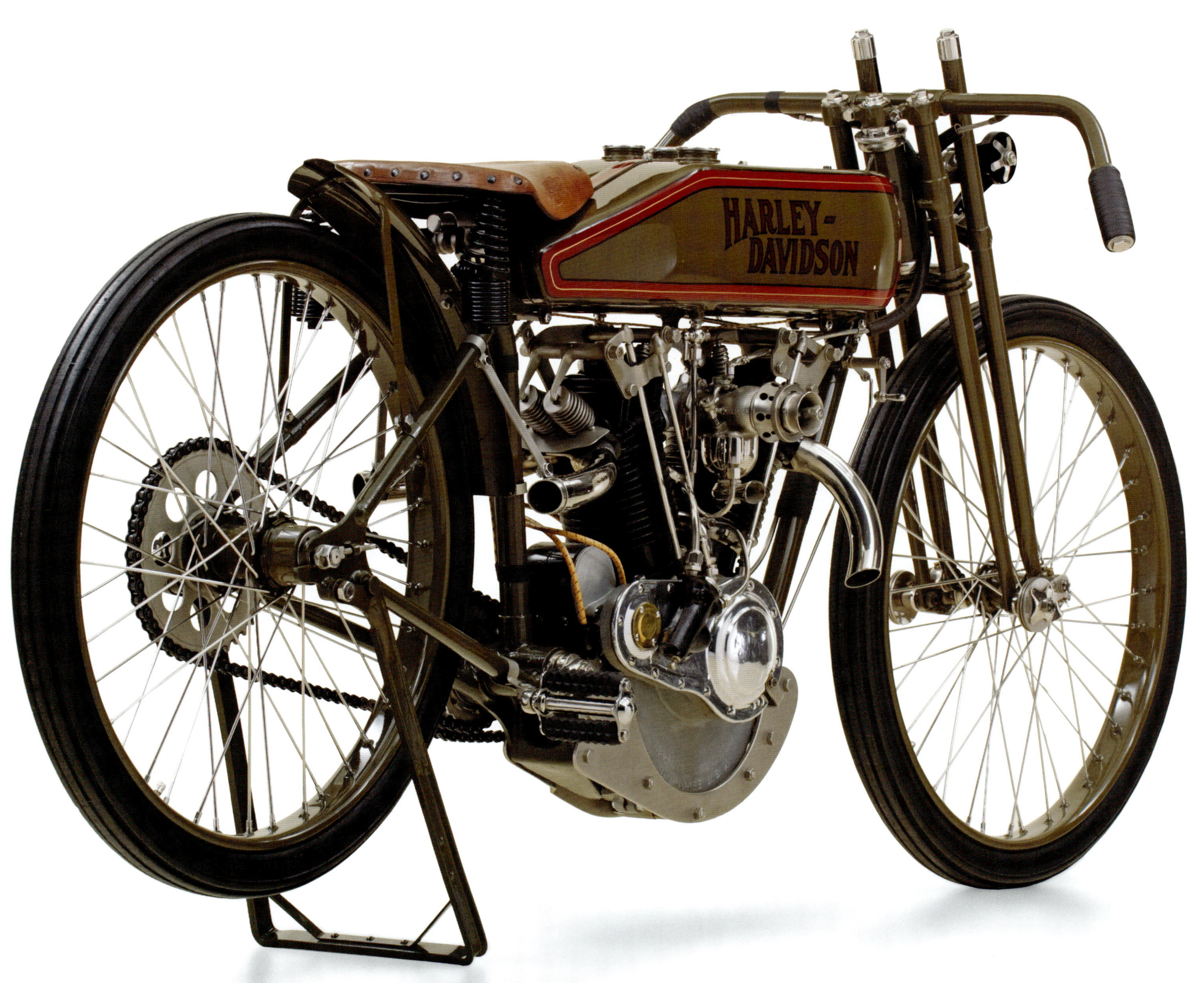
HARLEY-
DAVIDSON

11

ACHT-VENTIL-RENNMASCHINE

Harley-Davidsons Erfolge beim Motorradsport in den 1910er und den frühen 1920er Jahren beschränkten sich nicht auf die Titel der Wrecking Crew in Nordamerika. Das Unternehmen erzielte auch große Erfolge außerhalb der Grenzen Amerikas. In England fuhr einer der größten englischen Motorradrennfahrer aller Zeiten, Freddie Dixon, auf einer sehr seltenen Acht-Ventil-Maschine von Erfolg zu Erfolg. Der „fliegende Freddie" war besonders erfolgreich auf dem Rundkurs von Brooklands in Surrey, wo er mit seiner Maschine 1923 die tückische äußere Rennbahn mit mehr als 100 Meilen die Stunde (ca. 161 km/h) umrundete und den legendären „Gold Star" gewann.

Das Motorrad wurde von Harley-Davidson Renn-Manager Bill Ottaway mit tatkräftiger Unterstützung des in England geborenen „Verbrennungsmotor-Guru" Harry Ricardo entwickelt. Letzterer ersann die revolutionären Zylinderköpfe mit vier Ventilen. Diese Maschine war eine 61 Kubikzoll-V-Twin (1000 Kubikzentimeter) mit zwei Nocken, und sie konnte eine Spitzengeschwindigkeit von bis zu 120 Meilen (193 km/h) die Stunde erreichen. Das Motorrad war nicht nur außerordentlich schnell, es war auch außerordentlich teuer: Der Flitzer mit den acht Ventilen wurde von Harley-Davidson für damals 1.500 Dollar verkauft (eine Maschine mit acht Ventilen des Wettbewerbers Indian kostete damals 350 Dollar). Es wurde viel spekuliert, ob Harley-Davidson die Rennmaschinen mit den acht Ventilen deshalb so teuer auspreiste, um zu verhindern, dass Privatrennfahrer das Werksteam in den Hintergrund drängen konnten. Vielleicht wurden die Acht-Ventil-Motorräder deshalb auch nur in sehr geringen Stückzahlen produziert. Es gibt hierüber keine Statistik oder offizielle Zahlen, aber es wird angenommen, dass höchstens 28 solcher Motorräder produziert wurden.

Es überrascht nicht, dass die Achtventil-Motorräder von Harley-Davidson jedes einzelne Rennen der nationalen Meisterschaft 1921 gewannen

Harley-Davidson
Winnings
Open the Season

HARLEY-DAVIDSON speed is the result of scientifically correct design, good workmanship, and high-grade materials.

At Goulburn, Australia, April 24th, the Harley-Davidson won the Canberra Club's 50-mile road race.

At Mortlake, Australia, April 24th, the Harley-Davidson secured the fastest circuit trophy in the Victorian Club's road race, covering the 102 miles in 97 minutes.

At Fort Worth, Texas, April 23rd, the Harley-Davidson ridden by Sam Correnti, won every race on the program and broke the track record by 2 4-5 seconds.

At Roanoke, Virginia, April 24th, Ray Weishaar, riding a single-cylinder Harley-Davidson, won three of the four races on the program, and was leading by a half lap at 8 miles when he blew a tire in the 15-mile open event. In the 10-mile open the Harley-Davidson took first and second, lapping all competitors, including a special four-valve single and a ported single of other make. In the 1-mile open event the Harley-Davidson broke the state record.

Harley-Davidson Motor Co., ***Milwaukee, Wis., U. S. A.***
Producers of High-Grade Motorcycles for More Than Fourteen Years

Die britische Motorradlegende F. W. „Flying Eddie" Dixon, wie er 1923 auf seiner Achtventilmaschine posiert. Das Motorrad befindet sich heute in der Museumssammlung.

und den Ruf der Wrecking Crew zementierten, unschlagbar zu sein. Überraschend war indessen, dass Harley-Davidson sich im folgenden Jahr aus dem Motorrad-Rennsport zurückzog. Die abzeichnende Rezession und ein schwieriges Geschäftsumfeld ließen es nicht zu, die beträchtlichen Kosten des Rennsport weiterhin zu tragen. Man nimmt an, dass die Mehrzahl dieser Achtventil-Maschinen im selben Jahr abgewrackt wurde; einige wenige wurden in andere Länder exportiert, wo sie ihren Siegeszug fortsetzen konnten.

Die ehemalige Rennmaschine von Freddie Dixon begrüßt die Besucher des Harley-Davidson Museums beim Betreten der Wettkampf-Abteilung. Sie ist eine der drei heute noch existierenden Achtventil-Rennmaschinen. Nachdem Dixon 1928 vom Motorrad-Rennsport zum Auto-Rennsport gewechselt war, kam sein Motorrad zurück nach Amerika. Dort landete es schließlich in der Sammlung von John „J. D." Cameron, berüchtigter Mitbegründer des aus Los Angeles stammenden Motorradclubs Boozefighters MC , welcher vermutlich dem Filmklassiker „The Wild One" mit Marlon Brando als inspirierende Vorlage diente.

Während Camerons Eigentümerschaft verblieb das Motorrad so, wie es von Dixon für den Straßenrennsport konfiguriert wurde, komplett mit Zwei-Gang-Getriebe, Kupplung und Bremsen – damals eine optionale Ausstattung, da die ursprüngliche Achtventilmaschine für den Einsatz bei Bahnrennen gedacht war.

Ein späterer Eigentümer modifizierte das Motorrad derart, dass es der Original-Konfiguration für den Renneinsatz auf Holzbrettbahnen näher kam. Cameron kritisierte diese Veränderung bis zum Ende seines Lebens, da er fest davon überzeugt war, dass die Dixon-Version dieses Motorrads die historisch Bedeutsamste gewesen sei. Man kann an diesem Beispiel sehr gut nachvollziehen, dass die Restauration eines Motorrades eine zweischneidige Angelegenheit ist, vor allem dann, wenn es eine Rennmaschine mit einer reichhaltigen und nur verhältnismäßig wenig dokumentierten Vorgeschichte ist. Heute präsentiert sich das Motorrad in der Bahnrennen-Konfiguration, da die Verantwortlichen des Museums entschieden haben, dass sie besser in die Sammlung passt.

HARLE
DA IDSON

No. 1

The Harley-Davidson Enthusiast

Uncle Frank's Service Dope

By Uncle Frank Himself

Hark! Hark! New policy in force! Say, you fellers are swamping your old Uncle. I'm getting so many, many letters that I can't begin to answer them all. I know that some of you boys wonder why Uncle Frank does not answer your questions right away. Well, the reason is that

The Schebler carburetor as used on 1928-29-30 Harley-Davidsons can be made to operate with a lean mixture. But you should not cut the gas down too much for if you do, you will cause overheating of the motor and will not obtain the power there is in the motor. It is not good econ- ... point

... plug

... n why ... ly fel- ... spark ... re is a ... ot ex- ... your ... vidson ... to lu- ... vidson ... e sub- ... —but ... that ... ervice

... chain

... to its ... whips, ... Just ... uieter ... will

Nobby Ned

12

„DER ENTHUSIAST“ AUSGABE 1

Die Firmengründer von Harley-Davidson begriffen, wie wertvoll eine gute Geschichte sein kann. Mythenbildung spielte eine große Rolle im Marketing der Motor Company, und deshalb gab Harley-Davidson eine Vielzahl von Publikationen heraus, um direkt mit Händlern und Kunden zu kommunizieren. Es gab beispielsweise seit 1912 ein Magazin namens *„Der Harley-Davidson-Händler“* gefolgt 1916 von einer Kundenzeitschrift namens *„Der Enthusiast“*. *„Sehen Sie zu, dass Ihre Kunden den „Enthusiasten“ in die Hände bekommen, und sie werden ihn lesen“*, wurde im regelmäßigen Händler-Rundschreiben empfohlen. *„Es gibt nicht viele Dinge, die die Begeisterung für das Motorrad so befördern können wie dieses kleine Magazin.“*

Die ersten Ausgaben des *„Enthusiasten“* bestanden größtenteils aus von Lesern eingereichten Geschichten und Fotos, ergänzt durch hilfreiche und unterhaltsame Artikel, die von Harley-Davidson Mitarbeitern unter Pseudonym geschrieben wurden. Aus Gründen, die nicht ganz klar zutage liegen, gab es zunächst die Vorgabe, die Mitarbeiter des *„Enthusiasten“* nicht zu nennen. Die von ihnen erfundenen Figuren aber – „Nobby Ned“, „Vic Valve“, „Hap Hayes“ und noch viele andere – wurden bald zu den bekanntesten und beliebtesten Protagonisten in der Motorradbranche, wiewohl sie natürlich fiktiv waren.

Viele der bekanntesten Figuren wurden von Hap Jameson erfunden, der Stimme von Harley-Davidson in den 1920er Jahren. Sein mit weitem Abstand beliebtester Charakter trug den Namen „Onkel Frank“. „Onkel Frank“ war vor allem bekannt für seine vielen technischen Ratschläge und Tipps, aber er schrieb auch Kurzgeschichten und stellte Harley-Davidsons neue Modelle vor.

Frank war der Lieblingsonkel aller Leser. Er war so ungemein populär, dass Leser des *„Enthusiasten“* regelmäßig bei Harley-Havidson in der Juneau Avenue an die Tür klopften, um mit Frank sprechen zu können, um dann enttäuscht von dannen zu ziehen, wenn ihnen erklärt wurde, dass es ihn nicht gab. Hap Jameson aber war eine reale Person, und ein Gutteil seiner eigenen Persönlichkeit verschmolz mit seiner Figur „Onkel Frank".

Jameson war in seiner Jugend ein erfolgreicher Amateur-Rennfahrer und fing 1910 bei C. H. Lang als Verkäufer an. Ab 1912 arbeitete er offiziell für Harley-Davidson, zunächst als Testfahrer, danach wechselte er in die Service-Abteilung. Jameson hatte ein echtes Gesprächstalent und half den Menschen gerne weiter. Diese Eigenschaft kam ihm bei seiner folgenden Position als Bezirksleiter im nordamerikanischen pazifischen Nordwesten gut zupass. Nach dieser Aufgabe war er damit befasst, Service- und Wartungshandbücher zu schreiben und an der Service-Schule zu unterrichten. Zuletzt landete Jameson in der Werbeabteilung und wurde Harley-Davidsons PR-Chef. Zu seinen neuen Aufgaben gehörte auch die Herausgabe der Zeitschrift *„The Enthusiast"*. Als Jameson 1922 zur Werbeabteilung stieß, markierte seine Ankunft den Beginn einer enorm unterhaltsamen Ausrichtung der Kundenzeitschrift, zunächst mit der treffend beschriebenen Kolumne „Just for Fun" und bald darauf auch mit dem „Nobby Ned" Comic auf der letzten Seite. „Onkel Frank" erschien später im selben Jahr und wurde wie folgt eingeführt: *„Ich heiße Frank und ich gebe Euch jeden Monat nützliche und Tipps zum Sparen für Euer Motorrad. Ich mache es kurz und knackig, genauso wie ihr es gerne hättet, oder?"*

Auch ohne Namensnennung war klar, dass Jameson den Großteil der Zeitschrift alleine verantwortete, denn sein Schreibstil war einfach unverwechselbar. Der Unterton im *„Enthusiast"* war spielerisch, manchmal sogar frech. „Onkel Frank" hatte keinerlei Angst davor, während der Prohibition über „Mondschein" und „Haustrunk" zu philosophieren und war einem kurzen Flirt mit seiner reizenden Assistentin „Steno" (kurz für Stenographie) niemals abgeneigt. „Onkel Frank" gab einmal sogar wertvolle Erziehungstipps: *„Mischen Sie einfach Benzin unter den Spinat, dann kann er sich die Zähne an Kolbenringen ausbeißen."* Es schien so, dass Anonymität sehr befreiend war.

„Onkel Frank" war nicht immer frivol und leichtfertig. Er hatte stets einen flotten Spruch auf Lager, aber seine technische Beratung hatte Hand und Fuß und er war immer darauf bedacht, Harley-Davidsons Produktpalette zu bewerben. In den Zwanziger Jahren gerieten Harley-Davidsons Produkte unter Druck, weil sie im Vergleich zum moderneren Design der anderen Hersteller eher überholt wirkten; dennoch blieb Harley-Davidson für viele immer noch eine begehrte Marke. Einen Großteil dieser Popularität lässt sich direkt auf die von Jameson auf den Seiten des *„Enthusiasten"* gepflegte Kameradschaft und Gemeinschaft zurückführen.

„Onkel Frank" verließ den *„Enthusiast"* 1931, weil Jameson eine neue Position bei Harley-Davidson übernahm: Fortan diente er als Bindeglied zwischen dem Unternehmen und der amerikanischen Motorradvereinigung. Die Herausgabe der Kundenzeitschrift wurde ohne ihn fortgeführt, vielleicht etwas weniger unterhaltsam, aber keineswegs weniger fruchtbar. Im Museum finden Sie immer wieder Verweise auf (wenn nicht gar aktuelle Ausgaben) die Zeitschrift *„The Enthusiast"*. Sie ist eine echte Konstante und ein Spiegel der Zeit der amerikanischen Motorradindustrie geworden . Der *„Enthusiast"* hat bis heute überlebt und wird heute unter dem Titel *„HOG"* mit dem Untertitel *„Für den Harley-Davidson Fan seit 1916"* herausgegeben. Damit ist dieses Kundenmagazin eine der am längsten ununterbrochen erscheinenden Motorradzeitschriften der Welt.

Hap Jameson pilotiert ein Seitenwagenmodell, ca. 1925. Vielleicht ist es seine reizende Assistentin „Steno“, die im Seitenwagen mitfährt?

DIRECTORS OF PUBLIC SAFETY
VICTOR D. WASHBURN, PRESIDENT
J. WARNER REED CLARENCE R. HOPE

SEAL OF THE CITY OF WILMINGTON DELAWARE

GEORGE BLACK
SUPERINTENDENT OF PUBLIC SAFETY

DEPARTMENT OF PUBLIC SAFETY
BUREAU OF POLICE

July 5, 1929.

To whom it may concern:-

This is to certify that Miss Vivian Bales who is on a Motorcycle Tour from Albany, Ga., to Milwaukee, Wisconsin, stopped in my office on the above date.

Any courtesies that you may be able to extend to Miss Bales will certainly be appreciated by me.

Very truly yours,

George Black

Superintendent of Public Safety.
&
Secretary of
International Asso.Chiefs of Police.

13

VIVIAN BALES ALBUM

Frauen machen mehr als die Hälfte der Bevölkerung aus, aber nach den neuesten Untersuchungen des amerikanischen Motorcycle Industry Council (2015), sind nur 14% aller Motorradeigentümer in den Vereinigten Staaten weiblich. Von diesen fahren allerdings 60% eine Harley-Davidson. Dieser Erfolg bei den weiblichen Käufern lässt sich sicher teilweise dadurch erklären, dass Harley-Davidson sich seit einiger Zeit schon verstärkt darum bemüht, den Motorradsport auch für Frauen attraktiv zu machen: Es werden häufig Motorradfahrerinnen in der Werbung abgebildet, es werden kleinere und leichter zu beherrschende Maschinen entwickelt und gebaut, und es werden Veranstaltungen und Seminare speziell für Frauen ausgerichtet.

Dieses Phänomen ist allerdings nicht neu. Frauen waren von Beginn an ein lebendiger Teil der Harley-Davidson-Kultur und frühe Motorradpioniere wie Vivian Bales und andere historische Harley-Davidson-Fahrerinnen haben Frauen seit mehr als hundert Jahren dazu ermutigt, selbst Motorrad zu fahren.

Bales Album, das im Museum neben anderen historischen Artefakten ausgestellt ist (darunter ihre Ehrennadel vom amerikanischen Motorradfahrerverband für ihre Langstreckenfahrten und stapelweise Fanpost auch aus Südafrika und Japan), zeigt, wie sehr und wie weit Fräulein Bales in den 1930er Jahren bekannt gewesen ist. Bales Spitzname war „das Enthusiast-Mädchen“, da sie oftmals in Harley-Davidsons Kundenmagazin *„The Enthusiast“* abgebildet wurde – ihre Eskapaden auf zwei Rädern stießen bereits 1929 auf Interesse beim Vorstand von Harley-Davidson. Damals fuhr sie mit ihrem Motorrad von Albany in Georgia, nach Milwaukee zum Firmensitz von Harley-Davidson und weiter. Drei Monate später kehrte sie wieder zurück mit annähernd 5000 Meilen mehr auf ihrem Tacho.

Bales war Tanzlehrerin und nur 1,57 m groß. Sie wog keine 50 Kilo und war zu dieser Zeit bereits eine erfahrene Abenteurerin. Sie hatte sich mit vielen kürzeren Reisen durch den Südosten der Vereinigten Staaten bereits erprobt, oftmals in Begleitung ihrer besten Freundin Josephine Johnson. Bales brachte sich 1926 das Motorradfahren selbst bei, als sie 17 Jahre alt war, und kaufte dann ihre erste Harley-Davidson. Sie stahl sich oft von zu Hause fort, weil sie einfach Motorrad fahren musste, und wollte immer das tun, was die meisten anderen Mädchen sich nicht getrauten, so Bales nach ihrem Trip in 1929. Das Motorrad habe es ihr ermöglicht, ihren Erlebnishunger zu stillen.

Auch andere weibliche Motorrad-Pioniere finden in der Museumssammlung Beachtung und Erwähnung: So auch Della Crewe, die 1915 in Begleitung ihres rauhaarigen Terriers „Trouble" im Seitengespann 5.378 Meilen quer durch Amerika gefahren war. Crewes unglaubliche Fahrt über ein furchtbar schlechtes Straßennetz führte sie von ihrem Heimatort Waco in Texas über New York City nach Milwaukee und dann zurück nach Texas – mit einem kurzen Abstecher nach Florida zwischendrin. Später in ihrer Motorradkarriere suchte Crewe die Ferne und fuhr durch Zentral- und Südamerika (in Panama wurde sie verhaftet wegen Fahrens ohne Führerschein) und sogar durch Kuba.

Bessie Stringfield war die erste afroamerikanische Frau die alleine mit dem Motorrad durch die Vereinigten Staaten von Amerika fuhr. Auch ihre Geschichte wird im Museum erzählt. Die Adoptivtochter eines außer Landes lebenden wohlhabenden Iren wurde von ihm immer wieder dazu aufgefordert, ihren Träumen nachzugehen. Stringfield bekam im Alter von 16 Jahren in 1928 das Modell Indian „Scout", ihr erstes Motorrad. Bis auf ihr allerererstes Motorrad war Stringfield überzeugte Harley-Davidson-Anhängerin und nannte in den kommenden sechsundsechzig Jahren insgesamt siebenundzwanzig Harley-Davidson-Motorräder ihr eigen. Die Expedition von 1930 war eine von vielen für die sogenannte „Motorradkönigin von Miami" und führte sie durch alle achtundvierzig Bundesstaaten sowie Mexiko, Kanada und Hawaii.

Stringfield war bekannt für ihre selbst so genannte „Penny-Methode" bei der Reiseplanung: Sie schmiss eine Münze in die Luft und wartete einfach ab wo diese landete. Dorthin fuhr sie dann auch. Stringfield war vor den Zeiten der Bürgerrechtsbewegung häufig gezwungen gewesen, im Freien zu übernachten, weil sie aufgrund ihrer Hautfarbe von Hotels und Motels abgewiesen wurde. Später, während des Zweiten Weltkriegs, meldete sich Stringfield freiwillig für eine inländische Motorrad-Dienststelle. Sie war die einzige Frau in der Einheit: Sie fuhr als Kurierin über holprige Straßen, um geheime Dokumente von A nach B zu befördern. Sie fuhr auch Flachbahnrennen und trat mit einer karnevalistischen Motodrome-Show auf. Kurzum: Es gab fast nichts, was Bessie Stringfield auf zwei Rädern nicht konnte oder nicht tat.

Natürlich wäre die Geschichte um weibliche Motorradpioniere nicht vollständig ohne Avis und Effie Hotchkiss, dem Mutter-Tochter-Duo, das 1915 für seine Fahrt von Brooklyn nach San Francisco berühmt wurde und dem unsere besondere Wertschätzung gilt.

Effie fuhr das Motorrad und Avis saß im Beiwagen nebenan. Effie war immer ein Lausbub gewesen und ihr Bruder Everett brachte ihr das Motorradfahren und Reparieren bei, als sie gerade einmal sechzehn Jahre alt war. Nach nur zwei Tagen Fahrunterricht kaufte sie sich ihr erstes Motorrad und nur vier Jahre später, am 2. Mai 1915, brach sie mit

Harley-Davidson Motor Co

MOTORCYCLES SIDECARS [MOTOR HARLEY-DAVIDSON CYCLES] AND PACKAGE TRUCKS

WALTER DAVIDSON, PRES. AND GENL. MGR.
WM. A. DAVIDSON, VICE PRES. AND WORKS MGR.
WM. S. HARLEY, TREASURER AND CHIEF ENGINEER
ARTHUR DAVIDSON, SECY. AND GENL. SALES MGR.

CABLE ADDRESS "HARDAVMO
CODES: LIEBER'S WESTERN UNI, A.B.C. 4TH & 5TH EDITION, BENTLEY'S AND A.B.C. 5TH IMPROVED.

Milwaukee, Wis., U.S.A.

IN REPLY REFER TO DESK E-3 May 16, 1929

60 Peachtree St
Atlanta, Ga

ATLANTA, GA. MAY 3 9 PM 1929 STA. B.

Miss Vivian Bales
Albany
Ga

TO HARLEY-DAVIDSON DEALERS
WHOM IT MAY CONCERN:

It seems a bit ridiculous to have to introduce the bearer of this letter, for Miss Vivian Bales of Albany, Georgia, riding as the Harley-Davidson Enthusiast Girl is known to Harley-Davidson friends the world over.

Miss Bales has undertaken a rather ambitious program, however, one which is in keeping with her pluck. She has planned this trip to the Harley-Davidson factory over a course which contacts many Harley-Davidson dealers. This enterprise is backed entirely by Miss Bales, having no financial assistance or aid other than obtained through her own resources. After reaching the Harley-Davidson factory, Miss Bales will write a story of her journey for Harley-Davidson Enthusiast publication.

As Editor of the Enthusiast, I am personally interested in seeing Miss Bales' journey a pleasant and successful one. Therefore, it is my wish that you as a Harley-Davidson dealer extend her every courtesy and aid her in any way which will assist in the completion of this journey, especially you should see to it that her "45" model Harley-Davidson is in nice purring condition and always topped off with Genuine Harley-Davidson Oil, not forgetting the gas tank. In case that Miss Bales needs financial assistance, then this introductory letter should be sufficient for you to aid her in this respect, for this order over my signature is sufficient for reimbursement according to your demands.

All of us should work together in putting over this wonderful exhibition of motorcycling and I feel certain that those who read this introduction will agree with me and will help to carry it out to the letter.

Yours sincerely,
H. E. "Hap" Jameson
HARLEY-DAVIDSON MOTOR CO.

Enthusiast Editor
HEJ:MP

166 43 DL=MILWAUKEE WIS 29 239P

MRS C O BALES=

307 4 ST ALBANY GA=

DEAR MOM I ARRIVED IN MILWAUKEE THIS MORNING I CAME OVER FROM GRANDHAVEN ON THE BOAT WITH MY TRUNK AND MY MOTOR I SAW VAL AND WE HAD A NICE TIME IN SOUTHHAVEN ILL BE COMING HOME SOON NOW WILL WRITE YOU LATER=

VIVIAN

Avis und Effie Hotchkiss bei einem Besuch beim House of Hopper in Salt Lake City, Utah, während ihrer Rundreise 1915.

ihrer Mutter von Brooklyn auf, um gemeinsam auf dem Motorrad Amerika zu durchqueren. *„Ich habe keine Angst“* sagte Avis, kurz bevor es losging, *„ich kann meiner Tochter voll vertrauen ... ich habe auch keine Angst vor Pannen, Effie ist eine umsichtige Fahrerin und gute Mechanikerin, und sie führt ihre Reparaturen mit eigenem Werkzeug aus“*.

Es dauerte zwei Monate, ehe die beiden ihre Reise von 9.000 Meilen beendet hatten, und sie mussten nicht ein einziges Mal von dem Revolver Gebrauch machen, den sie sicherheitshalber mit an Bord hatten. Effie musste ein einziges Mal einen Schlauch aus einem ausgedienten Regenponcho anfertigen und später das Rad des Beiwagens durch ein geliehenes Rad aus einer landwirtschaftlichen Dreschmaschine ersetzen. Effie bewies sich tatsächlich als gute Fahrerin und ebenso gute Mechanikerin.

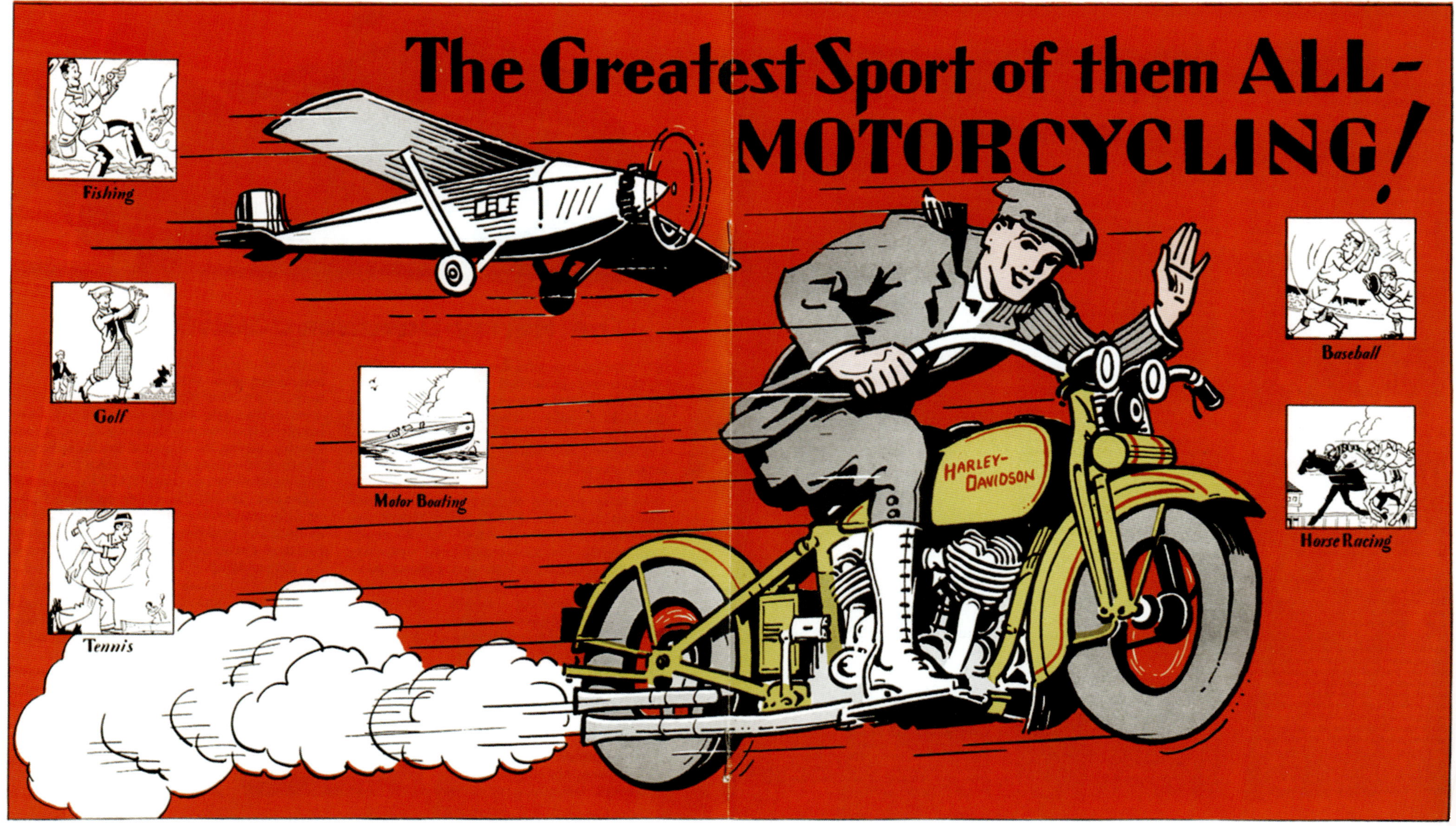

The Greatest Sport of them ALL-
MOTORCYCLING!
Fishing
Golf
Motor Boating
Tennis
Baseball
Horse Racing
HARLEY-
DAVIDSON

14

DER ANFANG DES LIFESTYLE-MARKETINGS

Ein Gutteil des frühen Erfolgs von Motorrädern in Amerika war rein wirtschaftlich begründet. Zu Beginn der motorisierten Fortbewegung waren zweirädrige Fahrzeuge billiger zu kaufen, billiger im Unterhalt und einfacher zu warten als vierrädrige Fahrzeuge. Bis zum Jahr 1925 aber hatte sich der wirtschaftliche Vorteil aufgelöst: Fertigungseffizienz und Skaleneffekte in der Automobilindustrie hatten sich stark verbessert, und in diesem Jahr kosteten die großen Harley-Davidson V-Twin-Motorräder zum ersten Mal in der Geschichte fünf Dollar mehr als die Standardausführung des Model T von Ford.

Unternehmensvorstand Walter Davidson fasste die Herausforderung 1926 wie folgt zusammen: *„Bereits 1905 wurde das Einzylindermotorrad teilweise als Sportgerät aber auch weitgehend als wirtschaftliches Fortbewegungsmittel genutzt. Das Automobil war hochpreisig, das günstigste Auto lag preislich in der Nähe von 1.000 Dollar, wohingegen Ihr Motorrad in der Nachbarschaft bereits für 200 Dollar zu haben war."* Jetzt, als Autos billiger waren als Motorräder, konnte Harley-Davidson mit seinem lange gehegten und gepflegten Anspruch eines *„wirtschaftlichen und familientauglichen Transportmittels"* nicht mehr punkten. Er war einfach kein glaubwürdiges Kaufargument mehr.

Dieser wirtschaftliche Wandel wirkte sich in vielerlei Hinsicht schwerwiegend auf die Motorradindustrie aus und begann mit einem schnellen Umsatzrückgang.

Harley-Davidson war 1920 das größte Motorradunternehmen der Welt, aber die wachsende Popularität des Automobils stellte für das wirtschaftliche Ergebnis des Unternehmens eine wirklich ernsthafte Bedrohung dar. Die Zulasssungszahlen von Motorrädern erreichten noch im selben Jahr einen absoluten Höhepunkt, um anschließend

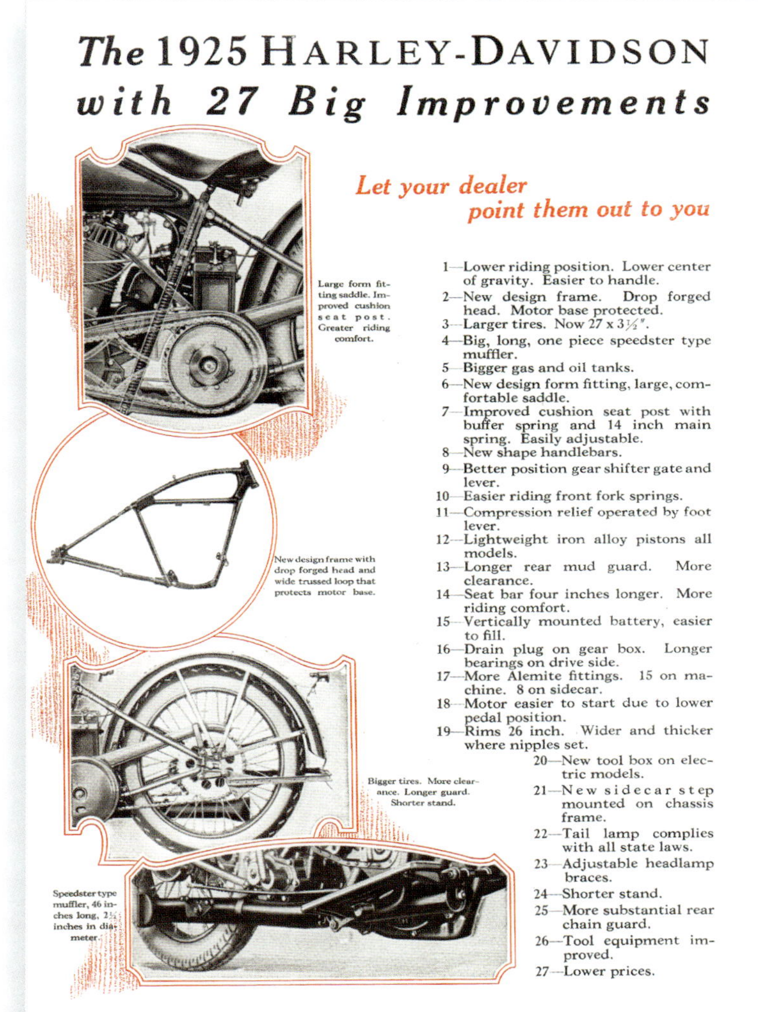

rasant um zehn- bis fünfzehntausend pro Jahr in den darauffolgenden Jahren abzufallen. Die branchenübergreifende Rezession führte 1921 auch bei Harley-Davidson erstmalig zu Verlusten, der Umsatz sank allein in diesem Jahr um 50% auf rund 6.5 Millionen Dollar, und auch 1924 sollte ein weiteres Verlustjahr werden.

Die Käufer sattelten in alarmierender Geschwindigkeit auf vier Räder um, und Harley-Davidson sah sich gezwungen, die Bauweise und die Vermarktung seiner Motorräder gründlich zu überdenken. Auftritt und Stil wurden plötzlich genauso relevant wie Nutzwert und Preis.

Als die schiere Neuartigkeit des motorisierten Verkehrs allmählich erblasste, fingen die Konsumenten an, mehr auf subjektive Faktoren wie Design und Stil zu achten.

Als Motorräder weniger wegen ihres Nutzwerts gekauft wurden und mehr der Freizeitgestaltung zu dienen begannen, wurden Produkt-

Das JDCB Modell aus dem Jahr 1925 war eines der ersten Harley-Davidson-Motorräder, bei dem es auf Stil und Leistung ankam.

eigenschaften wie Anmutung, Luxus und sportliche Leistung für die Ingenieure und Designer bei Harley-Davidson immer wichtiger – das Gleiche galt übrigens ebenfalls für die Werbeabteilung des Unternehmens. Harley-Davidson reagierte auf diese veränderten Anforderungen nicht nur mit einem neuen Design und mit modischeren Modellen, sondern änderte seine Marketingaussagen, um einen besseren Draht zum aufstrebenden Segment der Freizeitfahrer zu bekommen. Es war der Beginn dessen, was wir heute unter Harley-Davidsons Lifestyle-Marketing verstehen.

Mitte der Zwanziger Jahre begann die stilistische Neuausrichtung den Verkauf anzukurbeln, und Harley-Davidson modifizierte nun jährlich das Design seiner Motorräder. Man hoffte darauf, die Käufer davon zu überzeugen, zu einem neuen Modell zu wechseln. Die stilvoll neu gestaltete JDCB von 1925 war eines der ersten Motorräder von Harley-Davidson, das vor allem im Hinblick auf Stil und Leistung entwickelt und vermarktet wurde. Es markiert damit zugleich einen Wendepunkt in der Geschichte des Motorradunternehmens. Die Original-Anzeigenwerbung titelte denn auch: *„Ist diese Harley-Davidson Maschine nicht eine Schönheit? Schau Dir die schwungvoll-rasante Linienführung an. Mensch, überlege mal, werden sie nicht alle anhalten und staunen, wenn du die Straße runter fährst?“*

Vieles veränderte sich in den Zwanziger Jahren und manchmal auf schwindelerregende Art und Weise. Stummfilme wurden laut und Frauen bekamen das Wahlrecht. Die Löhne stiegen und die Arbeitstage wurden begrenzt. Der Verbraucher hatte mehr im Portemonnaie und mehr Freizeit. Das Motorradfahren hielt mit dieser Entwicklung Schritt: Ein schnell wachsendes Autobahnsystem ermöglichte es den Menschen, schneller und weiter zu fahren, und so wurden Leistung und Geschwindigkeit immer wichtiger.

Ein neuer, niedriger Rahmen, der erstmals 1925 bei der JDCB eingesetzt wurde, ermöglichte dem Fahrer ein deutlich besseres Handling. Der überarbeitete Sitz und der Lenker versprachen dem Fahrer mehr Komfort. Hier war erstmalig die Rede von einem „Stromlinien-Design“, das von den Entwicklungen aus der Luftfahrt und von Fahrzeugen, die speziell für das Erreichen von Höchstgeschwindigkeiten entwickelt wurden, beeinflusst war. Die Amerikaner verfielen alsbald der Technik und dem Geschwindigkeitsrausch, und so wurde der hier erstmalig eingesetzte charakteristische tropfenförmige „Teardrop“-Tank zu einem Markenzeichen Harley-Davidsons. Der „tropfenförmige“ Tank trug die Begeisterung des Unternehmens für das neue stromlinienförmige Design in alle Welt.

Bis zu den 1930er Jahren war die Werbung bei Harley-Davidson weit über die Argumente von Zuverlässigkeit und Zweckmäßigkeiten hinausgegangen. Das Unternehmen überarbeitete seine gesamte Produktpalette und änderte seine Werbetaktik, um wettbewerbsfähig zu bleiben. Das Bekenntnis zu anspruchsvollem Design stützte die Verkaufszahlen sogar während der Zeit der großen Wirtschaftsdepression. Der Motorradfahrer in den dreißiger Jahren verlangte ein Modell mit „Distinguiertheit“ und „Individualität“, eine Maschine die *„auffällt wie ein schönes Mädchen draußen im Frühlingswind“*, so die damalige Werbung. Wirtschaftlichkeit und Zuverlässigkeit wurden nicht genannt, es zählten Spaß, Abenteuer und Imponierfaktor. In der Welt des Motorradfahrens hat sich seither nicht viel verändert.

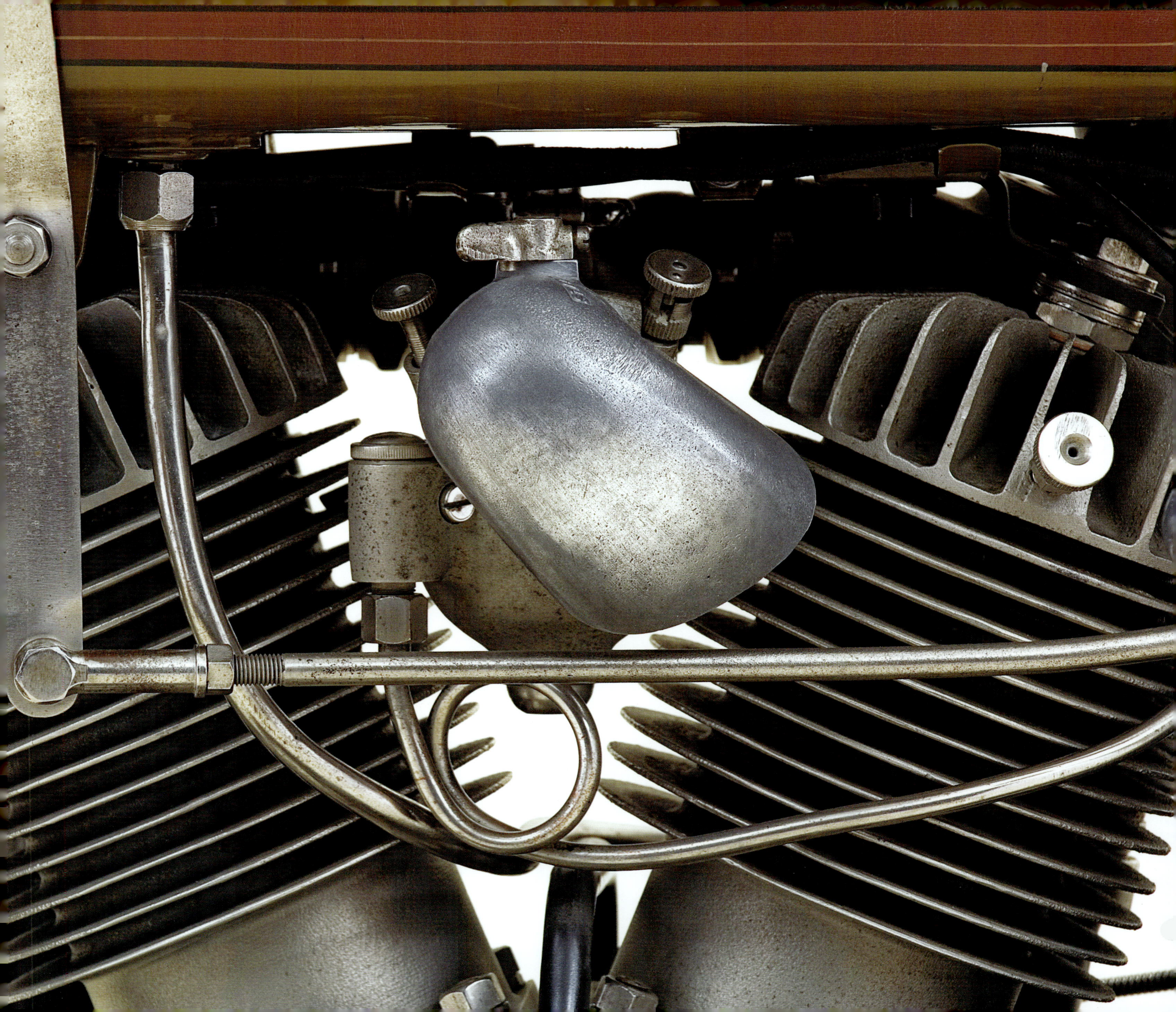

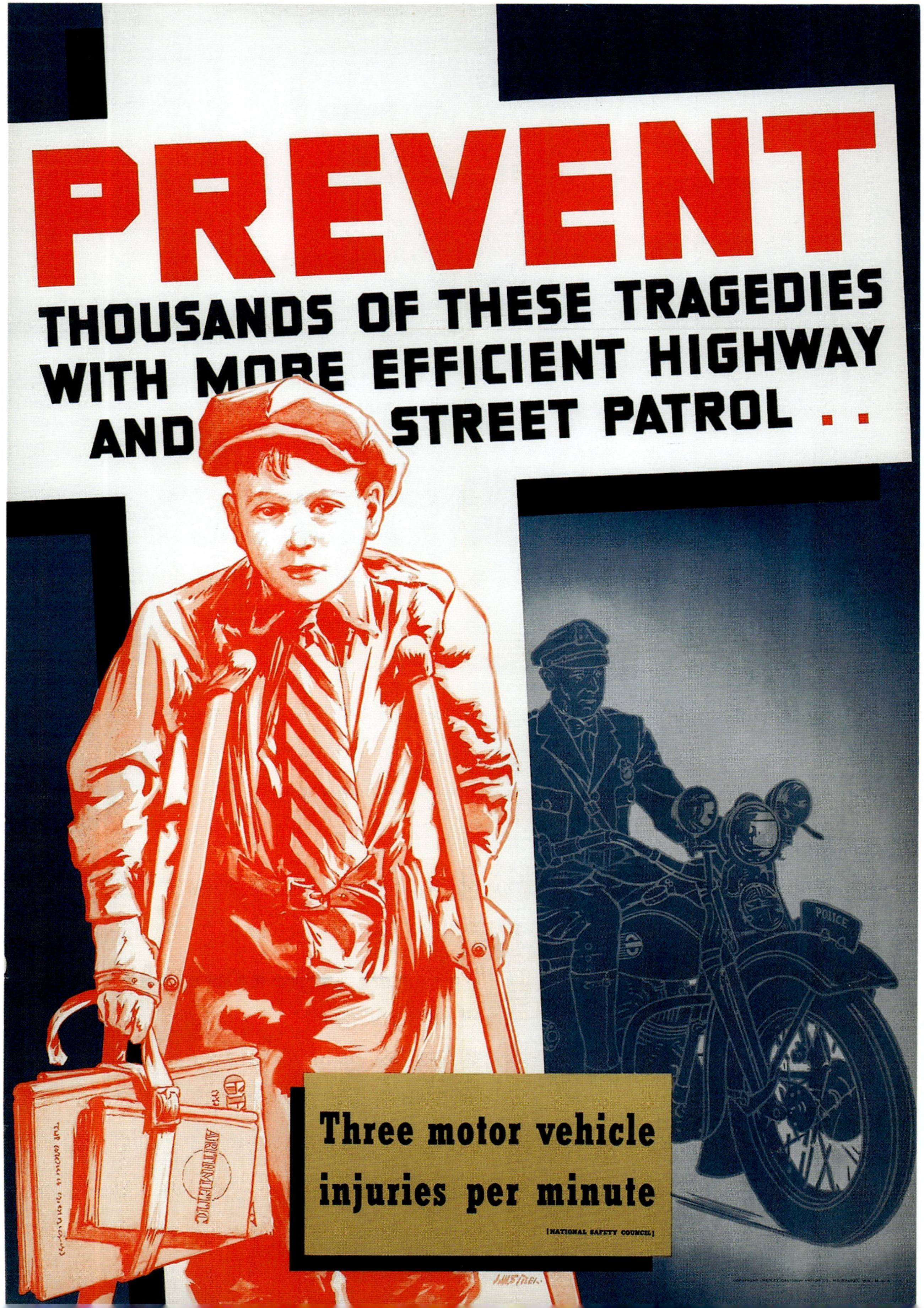
PREVENT
THOUSANDS OF THESE TRAGEDIES
WITH MORE EFFICIENT HIGHWAY
AND STREET PATROL . .
ARITHMETIC
POLICE
Three motor vehicle
injuries per minute
[NATIONAL SAFETY COUNCIL]

The
SLAUGHTER
OF THE
INNOCENTS

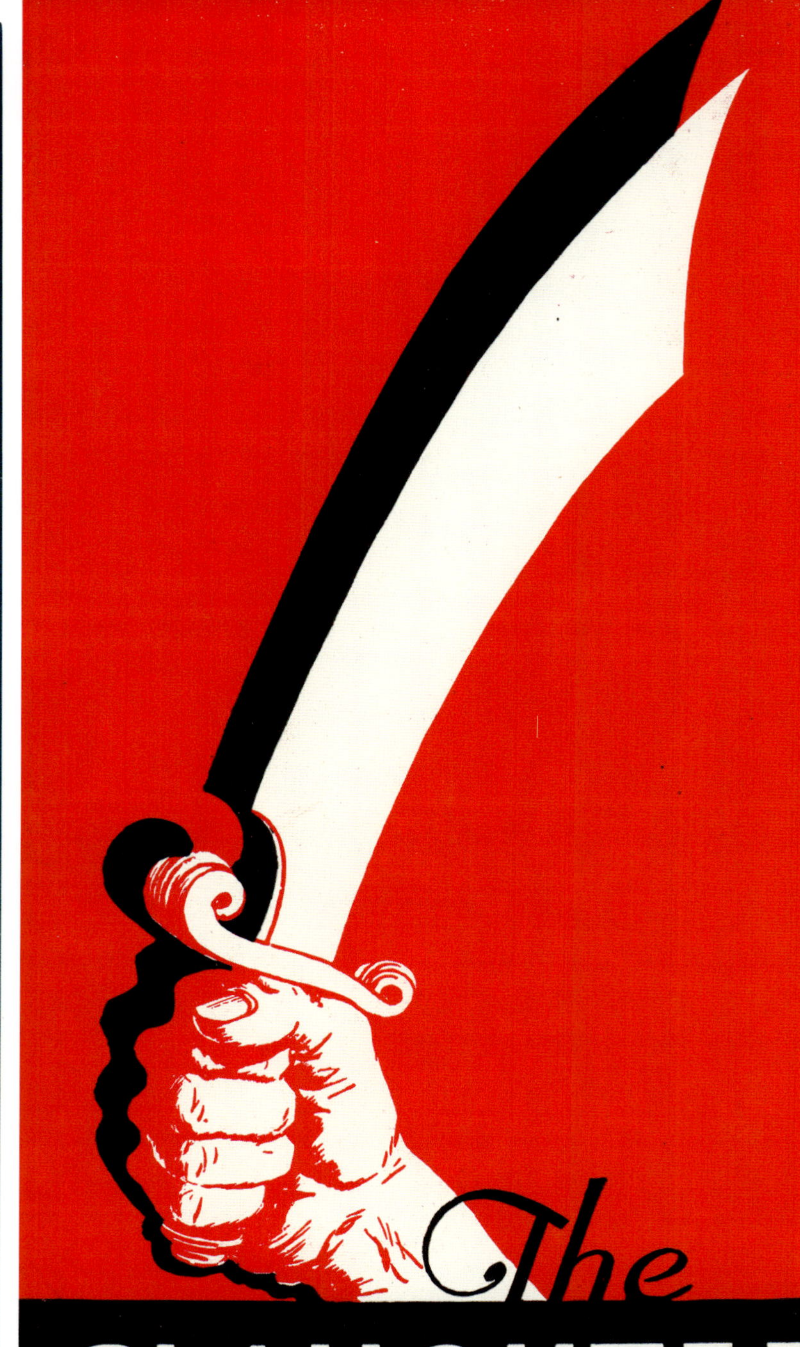

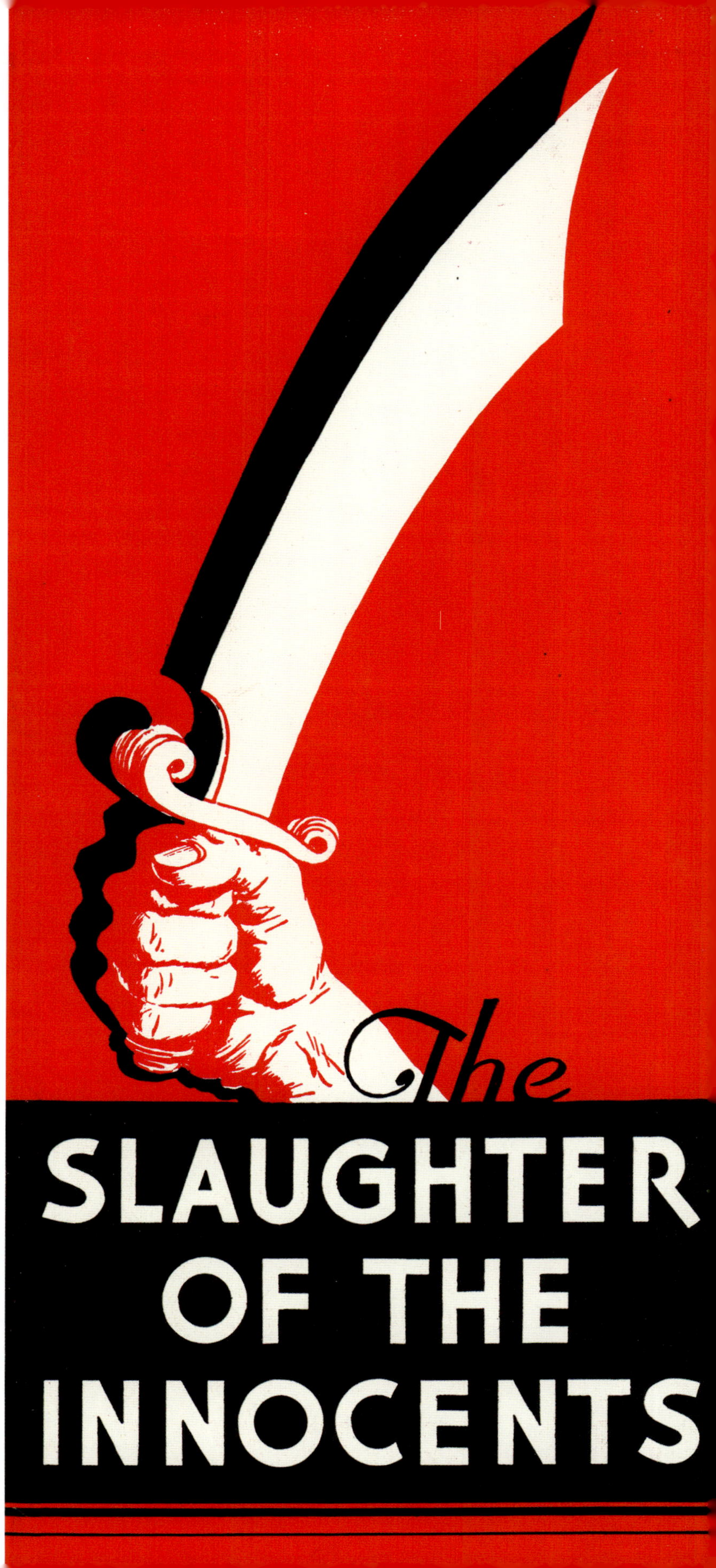

15

PLAKATE FÜR DIE ÖFFENTLICHE SICHERHEIT

Eine ganz Wand voller Plakate in Signalfarben mit reißerischen und fast hysterischen Schlagzeilen wie „Das Schlachten der Unschuldigen“ und „Der Tod führt das Rad“, ist zugleich eine der markantesten Sammlungen im Harley-Davidson Museum. Die reihenweise angeordneten Bilder sind ungemein fesselnd: Hier ein erhobenes Breitschwert, ein Skelett in Form eines Sensenmannes, die Silhouette eines Gangsters mit gezückter Pistole, da ein Junge auf Krücken und eine Mutter, die ihr verletztes Kind umklammert. Wer oder was könnte dieser furchtbare Feind sein? Kriegsarmeen? Das organisierte Verbrechen? Untote oder Zombies?

Es war niemand von den Obengenannten. Der Feind hieß Automobil – genauer: rücksichtslos gefahrene Automobile – und nach Meinung des nationalen Sicherheitsrates, der für diese Poster verantwortlich zeichnete, war es das Gebot der Stunde, die Anzahl der Verkehrspolizisten auf Motorrädern zu erhöhen, um damit die Gefahr automobiler Gewalteinwirkung zu senken. Zu Ende der 1920er Jahre erreichten die tödlichen Unfälle auf den Autobahnen ein beinahe epidemisches Ausmaß, weil immer mehr und immer schnellere Autos auf immer stärker überfüllten Straßen unterwegs waren. Fragen nach der allgemeinen Verkehrssicherheit und Fahrerausbildung fanden kaum Beachtung. Wie schlimm war es denn tatsächlich? Der sogenannte Geschwindigkeitsrausch tötete allein 1928 über 27.000 Amerikaner. Die Anzahl der Unfälle, in die Fußgänger oder Kinder verwickelt waren, erreichte ein noch nie dagewesenes Ausmaß und war der Grund für die angsteinflößenden grafischen Kreuzzüge gegen Gefahr und für mehr Polizeipräsenz.

„Verhindern Sie Tausende dieser Tragödien durch effizientere Straßen- und Autobahnpatrouillen“ heißt es auf einem Bild. *„Die einzige Abhilfe gegen unsere bedauernswerten Verkehrsbedingungen ist eine angemessen ausgestattete Straßen- und Autobahnpolizei, damit dieses Gemetzel beendet wird“* lautet eine andere. Harley-Davidson reagierte schnell auf diese Forderung, vor allem während der Zeit der großen wirtschaftlichen Rezession.

Natürlich war die Motor Company um die öffentliche Sicherheit besorgt, aber es war auch eine gute Geschäftsentscheidung, den Verkauf und die Wartung im Sektor von Recht und Ordnung auszubauen. In Zeiten des wirtschaftlichen Abschwungs waren die Kunden immer schwerer zu erreichen, und so war der Verkauf an den Staat eine stete Einnahmequelle für das Unternehmen. Schnelle und agile Motorräder waren auf den Straßen offensichtlich im Vorteil, und so hatten die Polizeidienststellen ihre Pferde gegen Motorräder ausgetauscht. Harley-Davidson verkaufte das erste Polizei-Motorrad 1908, und 1920 hatten bereits über 900 Dienststellen landesweit Harley-Davidson-Motorräder zur Verfügung. Bis 1925 steig diese Zahl sprunghaft auf 2.500 lokale Polizei- und Sheriff-Dienststellen an, die Motorräder von Harley-Davidson fuhren. Kommunale Verträge erwiesen sich dabei als überaus lukrativ, so dass man sogar damit begann, Modelle für Feuerwehren zu bauen: Harley-Davidson entwickelte Aufbauten für Motorräder mit Beiwagen, die schneller und effizienter am Brandherd sein sollten als die konventionellen Feuerwehrwagen. Gedacht waren die Feuerwehr-Motorräder als ideale Lösung für kleinere Haushaltsbrände.

Der Einsatz von Motorrädern bei der Polizei konzentrierte sich vor allem auf die Verkehrssicherheit, gelegentlich begleiteten sie auch Paraden oder hatten Geleitaufgaben. Als der motorisierte Polizist immer mehr an Ansehen gewann, wirkte sich für Harley-Davidson die Zusammenarbeit mit den Ordnungshütern auch in der öffentlichen Wahrnehmung positiv aus und wurde sogar verkaufsfördernd beworben. Eine Anzeige von 1928 lautete folgendermaßen: *„Tag für Tag fährt der motorisierte Polizist in seinem Revier Streife und ist eine unermüdliche Warnung an Gesetzesbrecher und Verkehrssünder. Nur wenige sind so dumm, dass sie seine Anwesenheit ignorieren, denn allein schon sein Erscheinen auf Straße und Autobahn erzwingt die Einhaltung des Gesetzes.“* Im Laufe der Jahre spielten Harley-Davidsons Polizei-Motorräder ihre Rolle sowohl in einigen großartigen als auch in traurigen Momenten der amerikanischen Geschichte. Eine in der Museumssammlung gezeigte Fotografie zeigt eine Kolonne von Harley-Davidson-Motorrädern, die den Trauerzug des Präsidenten Franklin Delano Roosevelt im Jahr 1945 anführt. Als Martin Luther King Jr. im März 1968 eine Gruppe von demonstrierenden Bürgerrechtlern durch die Innenstadt Montgomerys in Alabama führte, bereiteten Harley-Davidson Servi-Cars ihm den Weg. Als im Jahr 1969 die Astronauten Buzz Aldrin, Michael Collins und Neil Armstrong in New York mit einer Konfetti-Parade gefeiert wurden, sorgten die Polizeimotorräder von Harley-Davidson für Ruhe und Ordnung.

Harley-Davidson-Motorräder sind auch heute noch eine wichtige Hilfe für die Strafverfolgungsbehörden. Obwohl der Polizei-Vertrieb seit den 1970er Jahren zunehmend durch ausländische Wettbewerber herausgefordert wurde, konnte sich Harley-Davidson behaupten. Spezifische Modelle für den Polizei-Einsatz und neue Ausbildungs- und Service-Offensiven, darunter eine Zeitschrift nur für die Polizeibehörden *(„Der Motorradpolizist“)*, haben dazu geführt, dass sich Harley-Davidson einen großen Anteil am lukrativen Behördenmarkt zurückerobern konnte. Heute werden Harley-Davidson-Modelle von über 3.000 Polizeibehörden in den USA, Kanada und in fünfundvierzig weiteren Ländern dienstlich genutzt. Die höhere Verkehrssicherheit und die Verstärkung der Polizei haben natürlich ihren Anteil daran, dass die heutige Wahrscheinlichkeit, bei einem Verkehrsunfall ums Leben zu kommen, nur halb so groß ist wie im Jahr 1928. Heutige Kampagnen und Plakate sind deshalb auch nicht mehr so schrill wie die im Harley-Davidson-Museum ausgestellten Poster.

HE PATROLS
FOR YOUR
SAFETY
The MOUNTED OFFICER'S HAND BOOK
HARLEY-DAVIDSON
POLICE MOTORCYCLES
FOR 1931

19
29
30
31
32
33
FIVE STANDARD
IN HISTORY
HARLEY-DAVIDSON
EASY TO USE TRANSFERS
RE-ENAMEL THAT OLD MODEL
STRIPING COLORS
DON'T NEGLECT YOUR CYLINDERS
VARNISH IS IMPORTANT
HARLEY-DAVIDSON

16

JEDE BELIEBIGE FARBE

Von Henry Ford wurde überliefert, dass er bei der Vorstellung seines ersten Model-T Automobils gesagt haben soll, dass *„jeder Kunde jede Farbe, die er haben will, bekommen kann, solange diese schwarz ist"*. Dasselbe Diktum galt für die Motorräder von Harley-Davidson, die zunächst nur in Schwarz, dann nur in Grau und ab 1917 nur in militärischem Olivgrün zu bekommen waren (das Unternehmen unterstützte die amerikanische Armee während des Ersten Weltkriegs und wollte dies auch öffentlich zeigen). Stil oder individuelles Design spielten in der Frühzeit des Motorrads keine nennenswerte Rolle. Von A nach B zu gelangen, war ausreichend; es gab nur wenige Menschen, die sich Gedanken darüber machten, wie sie dabei aussahen.

Die Dinge änderten sich Mitte der Zwanziger Jahre. Nachdem die Autos billiger als Motorräder geworden waren und Motorräder weniger praktische Einsatzmöglichkeiten boten, aber einen höheren Freizeitwert hatten, wurden solche Attribute wie Leistung und Stil immer wichtiger für die Kunden. Das revolutionäre Harley-Davidson Modell JDBC von 1925 war trotz seiner Stromlinienform und seiner technischen Innovationen nur in einer einzigen Farbe erhältlich: Es war das altbekannte und handelsübliche Olivgrün, das auf allen seit 1917 hergestellten Harley-Davidson Maschinen prangte.

Als Arthur Davidson zu Beginn des Jahres 1927 nach New York fuhr, um die alljährliche Motorradmesse zu besuchen, nahm er kastanienbraun, hellgrün, dunkel- und hellblau lackierte Tanks mit. Er war schließlich zu dem Schluss gekommen, dass die Motorradfahrer mehr Auswahl an frischen Farben als schnödes Olivgrün haben wollten.

Die neuen Farben sollten nicht nur potentielle Neukunden dazu bringen, eine Harley-Davidson in Erwägung zu ziehen, sondern auch Harley-Davidson-Besitzer dazu animieren, auf ein neues Motorrad umzusteigen. Olivgrün blieb bis ins Jahr 1932 die Standardfarbe bei Harley-Davidson, aber es gab nun auch andere Farben und Farbkombinationen – natürlich gegen Aufpreis – für diejenigen, „die etwas Pfiffiges und Ansprechendes" verlangten. Wenn man sein neues Motorrad beispielsweise in Zinnoberrot mit schwarzem Tank ordern wollte, so kostete dies 5,50 Dollar Aufpreis.

Harley-Davidson betonte diese neuen Farben mit aufwändiger Nadelstreifenlackierung und Badges und schuf damit ein ikonisches Design, das die Modelle weiter verfeinerte. Dieses Design ist auch heute noch Kult. Die Pinsel aus der Museumssammlung gehören dem Meistermaler und Lackierer John Jung, einem erfahrenen und zuverlässigen Künstler, der die aufwändigen Designs zu Beginn der dreißiger Jahre von Hand auf die Harley-Davidson Motorräder aufbrachte. Es mag merkwürdig erscheinen, dass Harley-Davidson inmitten der großen wirtschaftlichen Rezession in hochwertige, von Hand aufgetragene Lackierungen investierte, aber mit nur wenig verfügbaren Mitteln für die Entwicklung neuer Motorräder bot das Styling Harley-Davidson eine verhältnismäßig kostengünstige Alternative, das Interesse der Kunden zu wecken.

Das Jahr 1933 war eines der dunkelsten Jahre in der Geschichte Harley-Davidsons. Rückläufige Umsätze zwangen das Unternehmen dazu, die Preise zu senken, und es waren zugleich keine Mittel vorhanden, um neue Modelle zu entwickeln. Stattdessen bot Harley-Davidson eine zweifarbige Standardlackierung an, die in Kombination mit den von Hand aufgebrachten Nadelstreifen und den dem Art Deco entlehnten Tanklogos wirklich markant und aufregend wirkte. Dieser Ansatz funktionierte, und Harley-Davidson verkaufte 1934 elftausend Motorräder – eine Steigerung von 300 Prozent! Dies war der Beginn von Harley-Davidsons langjähriger Tradition, neue Tanklogos zu entwickeln, die jedes Jahr aufs Neue mit wechselnden Lackierungen einhergehen: Inzwischen sind sie ein Markenzeichen des Motorradunternehmens.

Einer der faszinierendsten Bereiche des Harley-Davidson-Museums ist die „Tank-Wand". Diese Wand erstreckt sich über die gesamte Länge des Flurs, der das Museum mit dem Archiv verbindet. In dieser Galerie befinden sich einhundert legendäre Kraftstofftanks aus dem letzten Jahrhundert, jeder einzelne mit seinem eigenen individuellen Farbschema und Logo. Die Galerie ist der visuelle Beweis für die langjährige Kreativität und für den Stil Harley-Davidsons.

Die Premium-Lackierung ist auch heute noch eines der wichtigsten Verkaufsmerkmale, und die limitierte Auflage von kundenspezifischen Wünschen und Farbkombinationen ermöglichen den Fahrern auch weiterhin eine Vielzahl an Möglichkeiten, ihr ureigenes individuelles Motorrad zu gestalten. Nadelstreifen, Flammenmuster, Perl-Effekt, Jeans-Optik, „Candy" – und Metallic-Lack, Siebdruck und Aufkleber, Embleme, sogar Blattgold – es gibt nichts, was den Tank einer Harley-Davidson-Maschine nicht schon verziert hat. Für die Designer bei Harley-Davidson gibt es keinerlei Grenzen für ihre Kreativität, und für die Kunden gibt es nirgendwo Limits, um sich von anderen abzuheben.

VERMILION and BLACK
WHITE
DELFT BLUE and TURQUOISE
POLICE BLUE and CREAM
OLIVE GREEN and DELFT PLUE
HARLEY-DAVIDSON
Special Colors
WHILE the standard olive green enamel with bright vermilion striping is the popular choice of most Harley-Davidson owners, we are offering a wide range of standardized special colors and combinations for those who want something unusual.
The extra charges for enameling Harley-Davidson motorcycles, sidecars and package trucks in the standardized special colors shown in this chart are as follows:
ONE-COLOR SPECIAL PAINT JOBS
Vermilion, with gold striping, on motorcycle, sidecar or package truck body..$4.00
White, with gold striping, on motorcycle, sidecar or package truck body........ 6.00
Delft blue, with red and gold striping, on motorcycle, sidecar or package truck body 4.00
Police blue, with red and gold striping, on motorcycle, sidecar or package truck body 4.00
TWO-COLOR COMBINATIONS
Vermilion motorcycle, with black scroll panel tanks.........................$5.50
Delft blue motorcycle, with turquoise blue scroll panel tanks.......... 5.50
Police blue motorcycle, with cream scroll panel tanks 5.50
Motorcycle in any of these three colors, with two-color fenders 7.00
Sidecar or package truck body in any of these three colors, with two-color fender 6.25
Olive green motorcycle, with delft blue scroll panel tanks 2.00
Motorcycle in the above combination, with panel fenders.................. 3.50
Sidecar or package truck body in the above combination, with panel on body and fender 2.75
All of the above standardized special colors are furnished with black enameled rims, hubs and handlebars.

1936
HARLEY-DAVIDSON
1936
EL

17

DER „KNUCKLEHEAD"- MOTOR

Es war das Jahr 1935 und die Stimmung in der Motorradbranche war immer noch trübe. Die Große Depression hatte fünf Jahre lang für anhaltende wirtschaftliche Stagnation bewirkt und die gesamte Motorradindustrie schwer getroffen. Harley-Davidson musste erleben, wie die Verkaufszahlen von 24.000 Einheiten im Rekordjahr 1924 auf ein absolutes Tief von nur 3.700 Einheiten 1933 einbrachen. Die Situation war so schlecht, dass Harley-Davidson sich seit 1929 nicht einmal die Mühe gemacht hatte, eine Händlertagung abzuhalten: Wenn es doch nicht mehr gab als lediglich neue Farboptionen für das veraltete „Flathead" Modellangebot, worüber sollte man dann auch miteinander sprechen?

Aber 1935 bewegte sich was: Die Wirtschaftsindikatoren begannen, eine aufsteigende Tendenz zu zeigen, und die Analysten sahen einen Lichtstreif am Ende des langen dunklen Tunnels namens Rezession. Es gab überdies Gerüchte aus Milwaukee – ein paar Beobachtungen sogar – über ein neues Motorrad, das so revolutionär sein sollte, dass es Harley-Davidson aus der Flaute hieven könne. Als das Unternehmen zum ersten Mal seit fünf Jahren für November 1935 eine Händlertagung ankündigte, hatten alle Beteiligten Grund zur Freude.

Die Händler kamen von überall her, sogar aus Japan, um sich im großen Tanzsaal des Hotel Schroeder in Milwaukee einzufinden. Dort beobachteten sie begeistert, wie der Chefingenieur William S. Harley das atemberaubende Modell EL für 1936 enthüllte. Das Design war einfach nur großartig! Es war eine perfekte Evolution der alten Stromlinienform im Stile des Art Deco, und es versprach nicht weniger als die Zukunft. Im Mittelpunkt des Ganzen befand sich ein brandneuer und absolut moderner V-Twin-Motor mit obenliegenden Ventilen, halbkugelförmigen Verbrennungskammern und einem Trockensumpf-Ölsystem.

Vorstandsversammlungsprotokoll vom 29. Mai 1935. Die kritische Passage lautet:
„Die Frage der Markteinführung der Sixty-One für September oder Januar wurde angesprochen, eine Entscheidung wurde auf die kommende Sitzung vertagt. Zwischenzeitlich stellt sich die Frage, ob dieses Modell überhaupt gebaut werden soll."

Diese Maschine war ein radikaler Fortschritt, verglichen mit den veralteten und wirtschaftlich erfolglosen Flathead-Motoren mit ihren Seitenventilen.

Die Chefetage nannte dieses Modell auch „Sixty-One" (sie bezogen sich auf den Hubraum von 61 Kubikzoll) oder „Overhead" (wegen der Ventilsteuerung). Heute ist das Modell unter dem Namen „Knucklehead" bekannt (wegen der polierten Aluminium-Ventildeckel, die wie die Knöchel einer zusammengeballten Faust aussahen). Wie auch immer man sie benennen mag, die EL ist eines der großartigsten und zeitlosesten Modelle, die je gebaut wurden. Auch heute inspiriert sie die Harley-Davidson Designer noch.

Die Händler wussten, dass sie gerade etwas Besonderes erlebt hatten. Nach einigen Sekunden erstaunten Innehaltens brachen Begeisterungsstürme aus und ließen den Tanzsaal des Hotels erzittern. Sie hatten fast ein halbes Jahrzehnt auf ein neues Modell warten müssen, und dann kam Harley-Davidson zurück! Hinter den Kulissen waren Harley und der Rest des Unternehmens alles andere als zuversichtlich, obwohl das Publikum jubelte. Die Entwicklung dieses neuen Modells hatte in kleinen Schritten stattgefunden, und in der Juneau Avenue in Milwaukee war man sich intern einig, dass das Modell Sixty-One noch nicht marktreif war.

Offiziell wurde bereits vier Jahre am Modell gearbeitet, obgleich das Projekt aufgrund fehlender Finanzierungsmöglichkeiten immer wieder verzögert wurde und zu entgleisen drohte. Die Protokolle der Vorstandssitzungen zeigen, dass die Unternehmensführung noch im Mai 1935 darüber nachdachte, das „Overhead"-Projekt zu beenden, nur um es kurz darauf doch zu produzieren. Die ersten offiziellen Prototypen wurden erst im September 1935 montiert und die ersten Testläufe waren nicht vielversprechend. Der Motor beim Modell „Sixty-One" war sehr schnell, keine Frage, aber die

DIE VIER FIRMENGRÜNDER INSPIZIEREN EINES DER ERSTEN EL „KNUCKLEHEAD" MOTORRÄDER, ALS ES AUS DER FERTIGUNG KOMMT. VON LINKS NACH RECHTS: ARTHUR DAVIDSON, WALTERDAVIDSON, WILLIAM A. DAVIDSON UND WILLIAM S. HARLEY.

obenliegenden Ventile leckten Öl – viel Öl – und eine Lösung war nicht in Sicht. Trotzdem wagte sich das Unternehmen aus der Deckung.

Harley-Davidson war bei der Einführung des Motorrads verständlicherweise sehr zurückhaltend. Die Händler wurden nach der November-Tagung zur Verschwiegenheit verpflichtet, und als der Flyer für das Modelljahr 1936 wenige Wochen später erschien, wurde das Model „Sixty-One" nicht einmal genannt. Auch die Firmenankündigungen im Kunden-Motorradmagazin *„The Enthusiast"* erwähnten kein neues Modell. Es war, als ob dieses Motorrad niemals existiert hätte. Die ersten Produktionsläufe wurden im Januar 1936 montiert, aber die Händler wurden nicht dazu aufgefordert, Vorbestellungen zu platzieren.

Dann, am 2. Februar 1936, gewann ein kaum bekannter Rennfahrer namens Butch Quirk die 350 Meilen (gut 560 km) im Endurance-Rennen von Portland in Oregon auf einer Harley-Davidson EL mit Beiwagen. Ohrenbetäubende Jubelschreie bei Händlern und Kunden gleichermaßen waren die Folge, und ließen die Unruhe im Unternehmen allmählich verschwinden. So geht es manchmal zu in der Welt! Harley-Davidson begann offiziell am 21. Februar mit der Auftragsannahme für das Modell „Sixty-One", obwohl sich die ersten Auslieferungen erst Ende März realisieren ließen. Zunächst musste die Öl-Leckage mit neuen Ventilschaft-Abdeckungen und mit vakuumgesteuerten Entlüftungsventilen behoben werden. Im Juni hatte das Unternehmen bereits mehr Aufträge als Produktionskapazitäten. Harley-Davidson hoffte zunächst darauf, im ersten Modelljahr 1.600 „Overheads" zu verkaufen und verkaufte schließlich 1.700 – allen Problemen und Verzögerungen zum Trotz. Wirtschaftsflaute? Welche Wirtschaftsflaute? Das Modell „Sixty-One" war von Beginn ein Kassenschlager.

Warum sollte es auch nicht erfolgreich sein? Das Modell EL von 1936 war von Anfang an Klassiker, und debütierte mit ikonischem Styling, das man heute noch bei den aktuellen Harley-Davidson Modellen findet. Diese ikonische „Hardtail"-Linie streckt sich vom Steuerkopf bis zur Hinterachse. Sehen Sie sich eine modernen „Softtail" an, und Sie erkennen sofort das „Echo", das diese Linie heute noch hervorruft. Der 45-Grad V-Twin-Motor mit zwei verchromten Stoßstangenrohren, die direkt nach unten aus polierten Rocker Boxen ragen, sieht im Wesentlichen genauso aus wie der neueste Milwaukee Eight. Bei der EL waren auch die auf den Tank montierten Instrumente eine Neuheit, gekrönt von einem vorne mittig angebrachten Tachometer, den jeder sehen konnte. Und ja – die Sixty-One war so schnell, dass sie problemlos die Tachometernadel schrotten konnte.

Der Erfolg des Modells „Sixty-One" bewies Harley-Davidsons Innovationskraft auch in widrigen Zeiten, eine Eigenschaft, die das Überleben des Unternehmens in den darauffolgenden Jahrzehnten oftmals garantieren sollte. Die Kundennachfrage nach dem Modell „Sixty-One" trieb die Verkaufszahlen für das Jahr 1937 auf 11.674 Exemplare, was eine beachtliche Markterholung darstellte, und die Absatzzahlen des „Knucklehead"-Modells stabilisierten sich dahingehend, dass sie hoch genug waren, Harley-Davidson weniger als ein Jahrzehnt später durch die wirtschaftlich schwierigen Zeiten des 2. Weltkrieges zu führen. Harley-Davidson verkaufte bis zum Ende des Jahres 1947 wieder mehr als zwanzigtausend Motorräder pro Jahr, mehr als die Hälfte (elftausend) davon waren „Knuckleheads".

HARLEY-DAVIDSON
HARLEY-DAVIDSON
HARLEY-DAVIDSON

18

JOE PETRALI UND DER BLAUE STREIFEN

Joe Petrali war so etwas wie eine „One-Man-Wrecking Crew“. Obwohl Petrali erst 1925 zu Harley-Davidson kam (lange nachdem die wirtschaftliche und politische Entwicklung Harley-Davidson dazu zwangen, die Wrecking Crew aufzulösen), war er auf jedem Gelände nahezu unschlagbar. Er meisterte Bretterbahnrennen und Querfeldein-Rennen ebenso gut wie Bergrennveranstaltungen. Er war einer der großartigsten Motorrad-Rennfahrer aller Zeiten, und er fuhr bis zu seinem Rückzug aus dem Motorsport im Jahr 1938 unglaubliche neunundvierzig Siege ein. Dieser Rekord wurde erst im Jahr 1992 eingestellt, als der Harley-Davidson-Rennfahrer Scott Parker beim Flachbahnrennen seinen fünfzigsten AMA (American Motor Cyclist Association) Sieg holte.

Petrali gewann einen „Economy“-Lauf mit vierzehn Jahren, sein erstes Rennen überhaupt. Er bekam seinen ersten Einsatz als Profi auf einer Indian beim Pacific Coast Championship 1921. Dort ersetzte er den legendären Shrimp Burns, der in der Woche zuvor unter tragischen Umständen bei einem Rennen in Toledo, Ohio, sein Leben verloren hatte. Er holte bereits viele Siege für die Marken Indian und Excelsior, bevor er zuletzt zur Harley-Davidson-Staffel stieß. Es war purer Zufall, dass er Harley-Davidson verstärken sollte: Sein Indian-Werksmotorrad ging auf dem Weg zu einem Bretterbahnrennen in Altoona, Pennsylvania verloren (sein Motorrad wurde stattdessen nach Pittsburgh geliefert), und so borgte sich Petrali die Harley-Davidson-Maschine von Ralph Hepburn, der seine Hand gebrochen hatte. Prompt gewann erdas 100-Meilen-Rennen und stellte nebenbei noch einen Geschwindigkeitsrekord auf.

Harley-Davidson nahm Petrali sofort unter Vertrag, und ein paar Wochen später, am 7. September 1925, gewann er schon drei Meisterschaften (10-Meilen, 25-Meilen und 50-Meilen in der 61- Kubikzoll-Klasse) in Laurel, Maryland. Petrali lieferte in den kommenden zehn Jahren eine echte Ein-Mann-Show ab. Alleine in der Zeit von Mai 1935 bis zum August desselben Jahres gewann Petrali jeden einzelnen Lauf zur nationalen Meisterschaft in der Klasse A – und es waren dreizehn Stück! Die Kombination aus Joe Petrali und einem Harley-Davidson-Motorrad war einfach unschlagbar.

Es war also nur logisch, dass Chefingenieur William S. Harley niemand anderen als Joe Petrali anrief, als er für das neu eingeführte Modell Knucklehead die Trommel rühren wollte. Gemeinsam mit Harley-Davidsons Renn-Ingenieur Hank Syvertson entwickelte Petrali dann diesen Flitzer. Er nannte ihn Blue Streak (blauer Streifen).

Obwohl er auf einer Standard-EL basierte und von dem 61 Kubikzoll-V-Twin-Maschine mit Overhead-Ventilen angetrieben wurde, war Blue Streak hochgradig modifiziert: Doppelvergaser, Hochkompressionskolben, andere Nocken und Zündung. Er lief auf Alkohol, der schneller verbrennt als herkömmliches Benzin. Der Lenker und der leicht abgeschrägte Kraftstofftank werden eingerahmt durch eine Verkleidung, und eine scheibenförmige Radabdeckung vorne lenkt den Luftstrom am Vorderrad vorbei. Das Motorrad hat eine geschlossene Heckverkleidung, die beim offiziellen Geschwindigkeitsrekordversuch entfernt werden musste, weil sie das Motorrad sehr instabil werden ließ.

Anfang März 1937 machten sich Petrali und seine Crew auf den Weg nach Daytona Beach in Florida, wo sie auf dem harten Sand einen absoluten Geschwindigkeitsrekord für zweirädrige Fahrzeuge aufzustellen versuchten. In den Morgenstunden des 13. März 1937 zog sich Petrali an, bestieg sein Motorrad und jagte den Blue Streak mit einer Geschwindigkeit von 136,183 Meilen die Stunde (knapp 220 km/h) über das Land. Der Blue Streak stellte einen neuen Geschwindigkeitsrekord auf und machte „Smoking Joe" Petrali zum schnellsten Mann auf zwei Rädern. Petralis Rekord hielt sich über elf Jahre (genauso lange wurde Harley-Davidsons Modell „Knucklehead" produziert) und wurde erst 1948 von Rollie Free auf einer Vincent Black Lightning in den Bonneville Salt Flats gebrochen. Niemand war auf dem Sand von Daytona je schneller gewesen als „Smoking Joe", auch wenn Petrali der letzte große Rennfahrer der Klassifikation A war. Er hatte seine ganze Rennkarriere mit sehr kostspieligen und werksseitig für das Renngeschehen angefertigten Motorrädern verbracht. 1938 gab es die Formel A nicht mehr; sie wurde ersetzt durch die Formel C, bei der leicht modifizierte Serienmodelle gefahren wurden, die auch für die weniger erfahrenen Motorradfahrer gut zu beherrschen waren. Petrali fuhr mit den „200 Meilen von Oakland" nur ein einziges Rennen in der Formal C. Nachdem er geschlagen wurde, zog Petrali sich zurück, hängte den Lederhelm an den Haken und kehrte dem Motorsport für immer den Rücken.

Petralis Rückzug markierte das Ende einer legendären Ära, aber seine Abenteuer hörten mit dem Ende seiner Motorsportkarriere nicht auf: Bald darauf nahm er eine Stelle als Flugingenieur bei der Hughes Aircraft Company an, die dem exzentrischen Tycoon und Milliardär Howard Hughes gehörte. Dort half er bei der Entwicklung des weltweit größten Flugboots, der legendären Spruce Goose. Petrali fungierte auch als Teamchef mehrerer „Indy 500"-Teams und war Vorstand bei den nationalen Rennveranstaltungen auf den Salzpfannen von Bonneville. Er war überdies bekannt dafür, überall mit einer Ausweiskarte der American Motorcyclist Association aufzutauchen, die ihn als erstes Mitglied auf Lebenszeit auswies.

More HILLCLIMB VICTORIES for HARLEY-DAVIDSON

IN the point hillclimb competition which ended Aug. 30, Herb Reiber and Windy Lindstrom, the two famous Harley-Davidson pros, outclassed the entire field. Each won more points and more first places than any other pro. riders in the country. In fact, Harley-Davidson won more points than all other makes combined.

And in the amateur ranks, Oliver Clow, Oke Hedman and D. Jenkins each won high point honors in their sections. Clow and Hedman together accounted for 14 first places out of a possible 20 in the 45 Amateur events. Harley-Davidson riders headed the official A.M.A. point standings in 6 of the 7 sections.

Here are some of the high spots in the month's competition victories:

AUGUST 16, 1931

At Louisville, Ky., Ralph Moore accounted for two firsts for Harley-Davidson, winning both the 45 and 61 events. Moore was the only rider over the top. Harley-Davidson riders also took first and second in the 80 Amateur.

At Port Jervis, N. Y., on the same day, Herb Reiber assured himself of ten more points with firsts in both professional events. Hedman snatched five more with a win in the 45 Amateur.

At San Francisco, Harley-Davidson riders made a clean sweep, winning every event. Lindstrom took both the 45 and 61 events, Clow the 45 Amateur and Herb the 80 Amateur.

AUGUST 23, 1931

At Omaha, Nebr., it was 3 out of 3 for Harley-Davidson.

At Vallejo, Calif., Lindstrom set a new hill record in the 45 Pro. and Joe Herb copped the 80 Amateur.

At the Cincinnati, O., races, Harley-Davidson riders won every event.

AUGUST 30, 1931

At Bethlehem, Pa., Oke Hedman, star Harley-Davidson amateur rider, showed his stuff with firsts in both the amateur events.

At Princeton, Ill., McClintock and his Harley-Davidson took them all to the cleaners in both the 45 Pro. and 61 Expert events.

At San Diego, Calif., Windy Lindstrom and Joe Herb copped the 61 Pro. and 80 Amateur events.

HARLEY-DAVIDSON MOTOR CO.
MILWAUKEE WISCONSIN

ABOVE—Joe Petrali and his Harley-Davidson going over the top of Mt. Garfield, the famous sand dune at Muskegon, Michigan. This picture was snapped just as Joe won the 61 Pro. event at the point hillclimb held there on August 23rd.

Two weeks before, on August 9th, at the Milwaukee State Fair Track, Petrali and his Harley-Davidson copped both the 5-mile and the 10-mile Pro. races. On hill or track this combination of skill and horsepower is mighty hard to beat.

• • • • RIDE A HARLEY-DAVIDSON AND YOU RIDE A WINNER!

HARLEY—DAVIDSON

Enthusiast

APRIL, 1937

HARLEY— DAVIDSON SETS NEW RECORD OF 136.183 MILES PER HOUR

Zowie! Petrali and mount blend into a blur of speed as the camera clicks them on the sands of Daytona Beach. Here he is astride the stock 45 Twin making a new record of 102.047 miles per hour.

Joe Petrali Pilots 61 OHV Harley-Davidson to New Record of 136.183 M.P.H. at Daytona Beach.

★

102.047 M.P.H. Class C Straightaway Record Set With Harley-Davidson Stock 45 Twin Model.

★

Records Made Both Ways of Course, Electrically Timed, and Officially Certified by A.M.A.

★

Records Were Made With Non-Supercharged Motors.

DAYTONA BEACH, FLORIDA, MARCH 13 • This was a red-letter day for motorcycle speed when Joe Petrali set two new American Motorcycle Association straightaway records — 136.183 miles per hour with a 61 OHV of stock design and 102.047 miles per hour with a Class C 45 stock Twin. These remarkable times were made both ways of a one-mile surveyed course, electrically timed by John LaTour, the same man who timed Sir Malcolm Campbell, and were refereed by E. C. Smith, Secretary of the A.M.A.

The 136.183 m.p.h. record Petrali established with a four-valve 61 OHV decidedly exceeds the speed of 132.01 m.p.h. established by John Seymour riding an eight-valve 61 overhead of other make over a one-kilometer course, approximately 5/8 of a mile, made on Daytona Beach January 12, 1926. The 102.04 m.p.h. record made with a stock 45 Twin beats the former record of Jesse James, riding another make motorcycle, made March 1, 1935, at Daytona Beach over a one-mile course.

Neither of the Harley-Davidsons ridden by Petrali was fitted with a supercharger. Every rule and stipulation of the A.M.A. Competition Rules was strictly adhered to in establishing these records and they have been officially certified. They were made on merit and performance and again demonstrate most emphatically the speed, stamina, dependability, and outstanding superiority of the Harley-Davidson motorcycles.

HARLEY-DAVIDSON MOTOR COMPANY • MILWAUKEE, WISCONSIN, U. S. A.

★ Electric timing connections at the south end of the one-mile surveyed course on Daytona Beach.

★ Smiles! Left to right, Henry Syvertsen, Wm. S. Harley, Joe Petrali, E. C. Smith, Ray Clancy.

★ Here they come! Petrali and the 61 OHV hurling out of the north end of the one-mile course.

WE CALL FOR & DELIVER
DODGE
PLYMOUTH

19

WIE KANN HARLEY-DAVIDSON IHNEN BEHILFLICH SEIN?

Seit Beginn des motorisierten Transportverkehrs waren Motorräder eine naheliegende Lösung für den kommerziellen Einsatz. Sie waren schneller als Pferde und Kutschen und preiswerter als die frühen Automodelle oder gar Lastkraftwagen. In einer Werbeanzeige aus dem Jahr 1915 brachte der Postbote David Louder diesen Zusammenhang auf den Punkt: *„Bevor ich mir eine Harley-Davidson kaufte, hatte ich vier Ponys und einen Postwagen. Heute habe ich ein Pferd und mein Harley-Davidson-Motorrad. Mein Motorrad hat scheinbar keinen Appetit auf Mais und Luzerne, schafft aber in einem Drittel der Zeit die gleiche Tour mit einem Finanzbedarf von zehn Cent pro Tag.“*

Motorräder für den Arbeitseinsatz waren seit 1913 fester Bestandteil von Harley-Davidsons Produktpalette. Das Unternehmen brachte damals das Modell Model G Forecar für die kommerzielle Nutzung heraus: Im Wesentlichen handelte es sich hierbei um ein umgekehrtes Trike mit einem 61 Kubikzoll-Motor, bei dem die Vorderräder durch einen großen Behälter – der sogenannten Service-Box – getrennt waren. Harley-Davidson baute von diesen Forecars zwischen 1913 und 1915 lediglich 332 Stück und ersetzte diese durch den sehr vielseitigen"Package Truck", einem Motorrad mit Seitenwagen für Frachtzwecke. Der Harley-Davidson-Paketwagen wurde mit einer standardisierten Frachtkiste ausgeliefert und war überaus beliebt bei Kleinunternehmen, die einen Lieferservice anboten. Viele Kunden modifizierten die Karosserie überdies nach eigenen Bedürfnissen und sorgten für maßgeschneiderte Transportlösungen, die für fast jede Art von Ladung geeignet waren. Als ein neues Gesetz 1916 den Postgesellschaften auf dem Lande erlaubte, einen Paketwagen zu fahren, wuchs die Flotte des US Postal Service (der amerikanischen Post) auf über 4.700 Harley-Davidson Package Trucks an. Ein Exemplar ist Teil der Dauerausstellung im Museum.

Während der großen wirtschaftlichen Krise der späten Zwanziger und der gesamten Dreißiger Jahre wurden Arbeitsmotorräder für Harley-Davidson so wichtig wie niemals zuvor. Als die sogenannten Vergnügungskäufe einbrachen, wurde der Verkauf von Nutzfahrzeugen überlebenswichtig für die Motor Company. Die Kunden investierten in

» » » » » THE MODERN METHOD FOR PROFITABLE PICK-UP AND DELIVERY OF AUTOMOBILES . . . .

SAVES AN EXTRA MAN'S TIME

Servi-Car does away with the need for sending out two men and a car to pick up or deliver a customer's automobile. It saves the cost of one man's wages and doubles and trebles the profits on the other man's working time.

» » SAVES HIGH CAR EXPENSE

Cuts down the gas, oil, tire and depreciation cost of pick-up and delivery with a car. Prevents the losses occasioned through use of service or tow cars in this work, when that equipment can be used more profitably elsewhere.

» » ANYONE CAN OPERATE IT

Servi-Car can be driven by anyone in your present organization. Avoids the necessity of hiring inefficient transient drivers during rush periods. Permits sending out employees especially adept in handling certain customer contracts.

» » » INCREASES SERVICE SALES

Convenient pick-up and delivery enables your service manager to sell many service jobs that might not come to you otherwise. Specials featured by telephone or advertising will be taken advantage of by many more customers.

» » » EFFECTIVE ADVERTISING

Servi-Car's eye-catching appearance, plus the message that can be easily lettered on it, is one of the most effective advertising mediums you could employ. Every pick-up and delivery is an advertisement reaching a multitude of prospects.

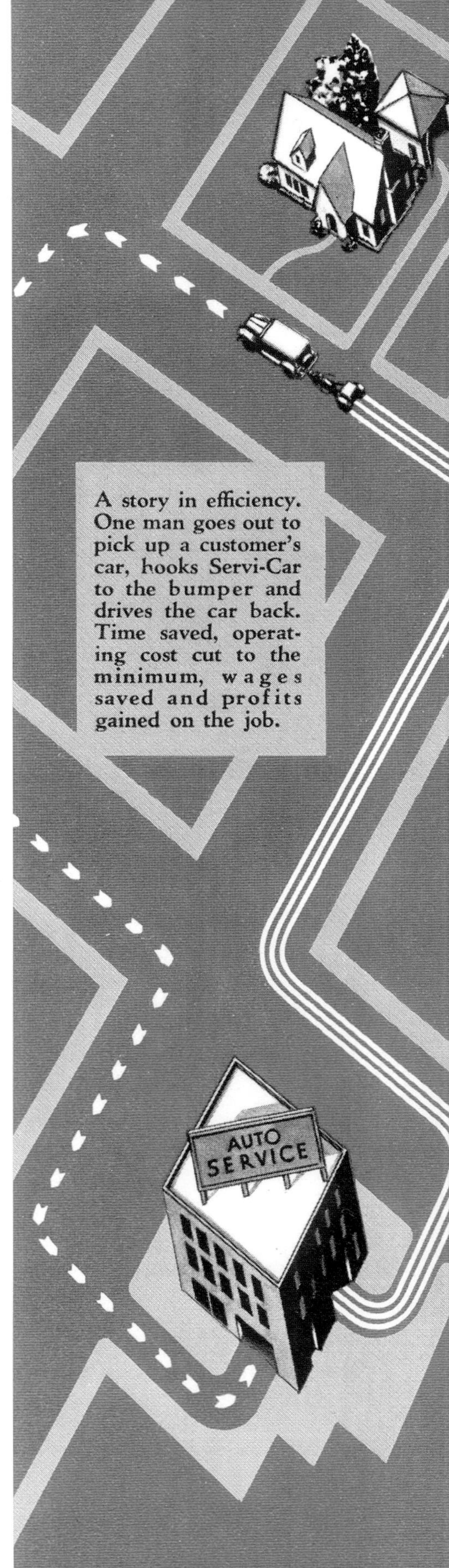

Fahrzeuge, mit denen sie Geld verdienen konnten, und ließen Harley-Davidson 1932 mit dem Servi-Car ein völlig neues Nutzfahrzeugkonzept entwickeln. Unternehmen, die auf der Suche nach wirtschaftlichen und effizienten Lieferfahrzeugen waren, strömten in Scharen zum Servi-Car und machten dieses Modell zu einem der langlebigsten Modelle in der Geschichte des Unternehmens. Im Gegensatz zu den früheren Designs von Motorradlastwagen oder PKWs war der Servi-Car ein herkömmliches Trike mit einem Vorderrad und zwei Hinterrädern. Dieses Konzept bewährte sich auch bei hohen Geschwindigkeiten und machte das Modell Servi-Car noch attraktiver für die Kunden.

Der Servi-Car (der ja kein Auto war) wurde als „ideales Handelsfahrzeug" konzipiert und zunächst als zusätzliches Angebot für Autohäuser vermarktet, um mit einer kostengünstigen Alternative neue Kunden zu gewinnen. Wiederkehrende Werbeanzeigen hoben vor allem die große Ladekapazität und den Umstand hervor, dass jedermann ein solches Fahrzeug fahren könne. Das von Hand beschriftete Modell G Servi-Car in Harley-Davidsons Museumsausstellung gehörte einst John Stanton, der es 1938 erwarb, um damit seinen Kunden Hausbesuche für seinen Dodge-Plymouth Autohandel in Babylon, New York, abzustatten. Stanton oder einer seiner Mechaniker fuhren mit einem Servi-Car zum Kunden nach Hause, um ein reparaturbedürftiges Vehikel abzuholen: Dazu wurde eine spezielle Anhängerkupplung an der Vorderachse montiert und an der hinteren Stoßstange des Autos befestigt, was es ermöglichte, ein Fahrzeug zur Werkstatt zurück zu schleppen. Die Zustellung und Abholung war nun von einem einzigen Mitarbeiter zu leisten, und dies verbesserte wiederum Effizienz und Rentabilität des Unternehmens. Spätere Servi-Cars wurden zusätzlich mit Zubehör für die Autowerkstatt ausgestattet, darunter beispielsweise ein Druckluftbehälter und ein Manometer für die Reifenreparatur vor Ort oder aber auch Kombinationen aus Heckstoßfängern und Ersatzreifenträger. Harley-Davidsons Servi-Car erwies sich auch als sehr beliebt bei den Strafverfolgungsbehörden. Sicher spielte hier aber die Tatsache, dass das Unternehmen über hervorragende Beziehungen zu den landesweiten Polizeidienststellen verfügte, eine tragende Rolle. Ein Servi-Car war bezahlbar, zuverlässig und klein genug, um auch in engen Räumen navigieren zu können, ohne den Verkehrsfluss zu behindern, wenn der Polizeibeamte parkende Autos kontrollierte. So wurden die Servi-Cars bald auch zu einem zweiten Standbein im Polizeidienstalltag.

Beim Servi-Car für den polizeilichen Einsatz bot Harley-Davidson ein besonderes Sortiment von Zusatzausstattungen an, darunter eine Sirene, die vom Hinterrad abging und mit den Fersen während des Fahrens betätigt werden konnte, zusätzlich ummantelte Zündkerzenkabel zur

Verhinderung von Funkstörungen und ein rot-blaues beleuchtetes „Bitte folgen" Display – maßgeschneiderte Funktionalität für den Einsatz bei den Strafverfolgungsbehörden.

Die bemerkenswert lange Produktionszeit der Servi-Car-Plattform und seines 45 Kubikzoll-Flathead-Motors (737 Kubikzentimeter) bestätigen den Erfolg des Konzepts für das Nutzfahrzeug-Motorrad: Der Servi-Car wurde von 1932 bis 1972 gebaut – eine Produktionslaufzeit von neunundvierzig Jahren. Das ist ein absoluter Rekordzeitraum, der nur noch in den Schatten gestellt wird durch die Langzeitbilanz der Sportster- und Electra-Glide-Modelle.

Es war eine geniale und sehr erfolgreiche Strategie Harley-Davidsons, das Kerngeschäft über den normalen Personentransport hinaus auszuweiten, denn sie ermöglichte es dem Unternehmen, wirtschaftlich sehr schwere Zeiten zu überleben. Es ist unbestritten, dass Harley-Davidson die große Wirtschaftskrise ohne die Servi-Car-Verkäufe nicht überstanden hätte. Stabile gewerbliche Absätze sollten Harley-Davidson noch durch manch andere schwere Zeit in den darauffolgenden Jahrzehnten helfen.

U.S. ARMY 45
WORLD WAR 2

20

UNCLE SAMS EISERNES PONY

Vor der großen Weltwirtschaftskrise gab es in den Vereinigten Staaten mehr als vierzig etablierte Motorradhersteller, darunter solch illustre Namen wie Flying Merkel, Thor, Iver-Johnson, Pierce, Pope, Yale und noch viele andere mehr. Nach der Großen Depression waren nur noch drei Hersteller übrig, und als der Unternehmensverbund der Motorradmarken Excelsior und Henderson am 31. März 1931 die Produktion einstellte, verblieben nur noch zwei amerikanische Motorradfirmen: Indian und Harley-Davidson. Beide Unternehmen hatten die Große Depression nur knapp überstanden, da sie hauptsächlich vom Firmenkundengeschäft gelebt hatten. Bis zum Ende der 1930er Jahre hatten beide Unternehmen eine solide – wenn auch nicht spektakuläre – Entwicklung durchgemacht, bei der die Produktionszahlen in etwa wieder das Absatz-Niveau der Zeit vor der Großen Depression erreicht hatten.

Kurz darauf sollte jedoch die nächste wirtschaftliche Herausforderung auf Amerika treffen, denn der Zweite Weltkrieg zog auf. Nur ein Motorradhersteller würde in dieser Lage gedeihen – nämlich derjenige, der einen lukrativen Regierungsauftrag erhielt. Der andere würde einem tiefen, und letztlich unumkehrbaren, wirtschaftlichen Niedergang anheimfallen.

Das Unternehmen Harley-Davidson war keine unbekannte Größe für das Militär. Das erste wichtige Geschäft mit den Streitkräften wurde 1916 abgeschlossen, als Harley-Davidson ein paar Hundert „J"-Maschinen für General John „Black Jack" Pershing lieferte. Sie sollten seine Achte Brigade während des Feldzugs an der mexikanischen Grenze dabei unterstützen, den mexikanischen Revolutionär Pancho Villa in den Wüsten Nordmexikos festzusetzen. Villa hatte zuvor die Stadt Columbus, New Mexico, angegriffen. Pershing gelang es nicht, Villa zu fangen, aber die Leistung der Harley-Davidson-Motorräder war so beeindruckend gewesen, dass die amerikanische Armee schließlich 8.000 Stück orderte.

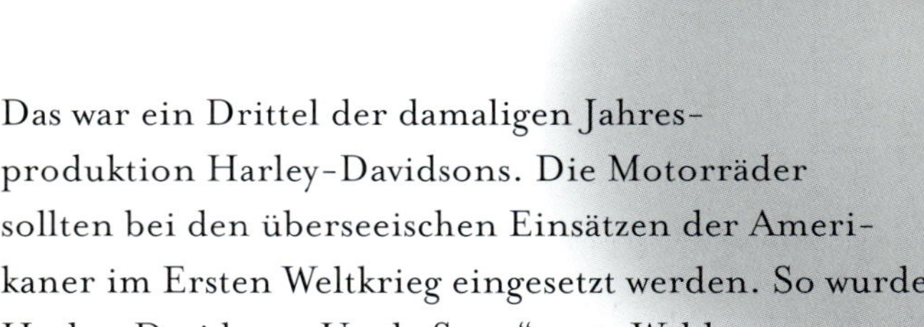

Das war ein Drittel der damaligen Jahresproduktion Harley-Davidsons. Die Motorräder sollten bei den überseeischen Einsätzen der Amerikaner im Ersten Weltkrieg eingesetzt werden. So wurde Harley-Davidson „Uncle Sams" erste Wahl.

Als die Amerikaner zu Beginn des Zweiten Weltkrieges Anfang der 1940er Jahre ihr militärisches Engagement erhöhten, war es daher keine Überraschung, dass die Regierung der Vereinigten Staaten Harley-Davidson damit beauftragte, ein spezielles, militärtaugliches Motorrad für die Vereinigten Staaten und ihre Alliierten zu fertigen. Harley-Davidson entwickelte eine Schwerlastversion seines zivilen WL-Modells, das von einer absolut zuverlässigen 737 Kubikzentimeter Flathead-V-Twin-Maschine angetrieben wurde. Dieses robuste Schlachtross hieß WLA. Es wurde für den Einsatz im Kampf mit einem schwereren Rahmen, niedrigeren Scheinwerfern und dickeren Lenker-Rohren als bei der Zivilversion WL aufgerüstet. Weitere Modifikationen waren ein Ölbad-Luftfilter zum Schutz vor Staubbelastung, umlaufende Kotflügel gegen Schlammverschmutzung und ein optional erhältliches separates Beleuchtungssystem mit tiefschwarzen Visieren, die das Motorrad im Dunkeln besser tarnten. Das Motorrad war nicht als Kampffahrzeug konzipiert, obwohl es oft mit Gewehrhalter an der Vordergabel im Einsatz war. Das Modell WLA war nahezu ausschließlich für Versand- und Kurierdienste gedacht, und die Gewehrhalterung und Bewaffnung mit einem Maschinengewehr diente ausschließlich dem persönlichen Schutz des Fahrers.

Das bald allgegenwärtige WLA hatte den Spitznamen „Uncle Sams Eisernes Pony" und spielte bei fast jedem Heerzug im Zweiten Weltkrieg eine wichtige Rolle. Die meisten US-Verbündeten konnten es sich nicht mehr leisten, eine eigene Motorradindustrie aufrecht zu halten, da viele Ressourcen für andere kriegswichtigen Industrien vorgesehen waren. Harley-Davidson überbrückte diese Lücke bereitwillig. Das Unternehmen lieferte seine Motorräder nicht nur an jeden Zweig des amerikanischen Militärs aus, sondern auch an die Streitkräfte Neuseelands, Frankreichs, Kanadas, Südafrikas, Chinas, Australiens, Brasiliens, Russlands und weiterer Länder. Tatsächlich wurde sogar über ein Drittel der Harley-Davidson WLAs im Rahmen des Lend-Lease-Acts (ein 1941 verabschiedetes Gesetz, dass es der US-Regierung erlaubte, militärisches Gerät an seine Aliierten zu liefern; *Anm. d. Übersetzerin*) ausgeliefert.

Standard-Reparatur-Set für die WLA

Return to Desk E-6
THE ARMORED SCHOOL
Motorcycle Department
Fort Knox, Ky.
MOTORCYCLE MECHANICS HANDBOOK
1943

TM 9-1879
WAR DEPARTMENT TECHNICAL MANUAL
ORDNANCE MAINTENANCE
MOTORCYCLE, SOLO
(HARLEY-DAVIDSON MODEL WLA)
RESTRICTED
Dissemination of restricted matter.—The information contained in restricted documents and the essential characteristics of restricted materiel may be given to any person known to be in the service of the United States and to persons of undoubted loyalty and discretion who are cooperating in Government work, but will not be communicated to the public or to the press except by authorized military public relations agencies. (See also paragraph 18b, AR 380-5, 28 September 1942.)
WAR DEPARTMENT
29 MARCH 1944

Harley-Davidson-Motorräder spielten im Zweiten Weltkrieg eine wichtige Rolle. Die motorisierten Soldaten führten mit ihnen Kommunikations-, Aufklärungs-, Transport- und Kampfeinsätze durch, darunter etliche entscheidende Operationen der legendären „Hell on Wheels", der Zweiten Gepanzerten Division von Colonel George S. Patton Jr.

Harley-Davidson wandelte sogar die eigene Service-Schule zur Ausbildungsstätte für militärisches Personal um – die Quartiermeister-Schule wurde sozusagen wieder eröffnet – und vermittelte den Soldaten alle wesentlichen Aspekte von Reparatur und Wartung unter widrigen Kriegsumständen und mit begrenzten Mitteln. Insgesamt wurden während des Zweiten Weltkrieges mehr als hunderttausend Soldaten darauf trainiert, ihre Motorräder zu nutzen und selbst zu reparieren.

Zur selben Zeit kauften die amerikanische Armee und ihre Verbündeten so viele WLA wie sie nur bekommen konnten. Die US-Regierung beauftragte Harley-Davidson im März 1941 damit, ein völlig neues Motorrad zu entwickeln, dass so gebaut sein sollte, dass es den härtesten Wüstenbedingungen standhalten konnte. Das Ergebnis war das Modell XA (mit Beiwagen XS), war eines der ungewöhnlichsten Motorräder, die Harley-Davidson je baute. Es ist eines der wenigen Motorräder, das keinen V-Twin-Motor hatte, sondern von einem flachen Zweizylinder-Boxer-Motor angetrieben wurde, für den die in Nordafrika wüstenerprobten BMW-Motoren Pate standen.

Der Boxermotor wurde ausgewählt, weil er bauartbedingt unter extremen Bedingungen gewisse Vorteile gegenüber einem herkömmlichen Motor hatte: Seine beiden Zylinder ragten über die äußeren Rahmenschienen hinaus und konnten so von der Luft gekühlt werden. Überdies hatte Harley-Davidsons Model XA, ähnlich wie die BMW-Modelle auch, einen gegen Wüstensand unempfindlichen Kardanantrieb, eine zusätzliche zweite Welle sorgte für den Antrieb des Beiwagens und verbesserte Traktion und Leistung.

Ursprünglich hatte die amerikanische Regierung Harley-Davidson damit beauftragt, eintausend Motorräder mit Kardanantrieb bis spätestens

Juli 1942 zu liefern, doch nachdem das Unternehmen die ersten drei Prototypen entwickelt hatte, wurde dieser Auftrag widerrufen und annulliert. Stattdessen beschloss die Regierung, 44 Jeeps für die Kriegsführung in der Wüste zu bestellen. Die verantwortlichen Militärs erachteten Harley-Davidsons Standardmodell WLA nun doch als ausreichend und bezeichneten es als *„zufriedenstellend für alle zukünftigen Anforderungen an ein Militärmotorrad"*. Das im Museum befindliche und ausgestellte Modell XS ist vermutlich das einzig erhaltene Exemplar.

Die Auswirkungen des Weltkrieges beschränkten sich nicht auf den Konflikt in Übersee; Harley-Davidson hatte auch auf dem Heimatmarkt diverse kriegsbedingte Herausforderungen zu bestehen. Der landesweite Arbeitskräftemangel war eine davon: Viele Mitarbeiter der Motor Company wurden natürlich zum Militärdienst einberufen, und so war das Unternehmen zum ersten Mal in seiner Firmengeschichte darauf angewiesen, Frauen für die Produktion einzustellen – ein kultureller Wandel. Frauen übernahmen nun viele unerlässliche Aufgaben – bedienten Maschinen, montierten Motorräder, prüften und verpackten Teile.

Die Materialknappheit hatte ebenfalls Einfluss darauf, was Harley-Davidson produzieren und wie man den Markt bedienen konnte. Zum Beispiel musste das Motoröl musste vorübergehend in Glasflaschen abgefüllt werden, weil die Abfüllung in Metallgefäße während des Kriegs verboten war. Darüber hinaus gab es weitere Restriktionen, die direkten Einfluss auf die Motorradproduktion hatten: So mussten die verchromten Fahrzeugteile zeitweilig schwarz lackiert werden, und die Einschränkungen bei der Verwendung von Kautschuk führten dazu, dass die Trittbrettbeläge abgeschafft und die Handgriffe aus Kunststoff gefertigt wurden.

Insgesamt produzierte Harley-Davidson etwa achtzigtausend Motorräder, um die Armee im Zweiten Weltkrieg während der Zeit von 1940 bis zum Kriegsende 1945 zu unterstützen. Dazu kamen Ersatzteile im Wert von 28 Millionen Dollar. Harley-Davidson produzierte während dieser Zeit nur wenige zivile Motorräder. Eine Pressemitteilung aus dem Jahr 1942 schilderte die Lage folgendermaßen: *„Die Harley-Davidson, die Sie gerne gefahren wären ... ist an der Front und hilft mit, den Krieg zu gewinnen. Wir wissen, dass Sie gerne auf Ihr neues Traum-Motorrad verzichten, damit die tapferen Jungs in Uncle Sam's Streitkräften mit den besten und modernsten Maschinen ausgestattet werden."* Die Zivilversionen veränderten sich während der Jahre von 1941 bis 1946 kaum, denn alle vorhandenen Materialien und Kräfte wurden für den Krieg gebraucht. Die Motoren, die Farbpalette, ja sogar die Embleme auf den Treibstofftanks blieben bei den zivilen Modellen über diese Jahre hinweg unverändert.

In der Zwischenzeit wurden die lokalen Produktionsstätten von Harley-Davidson nicht nur für die Herstellung von einsatzbereiten Kriegsmotorrädern, sondern auch für die Fertigung von Rohbauteilen, LKW-Komponenten und Kleinteilen für B-29 Bomber benötigt.

Das gewaltige Geschäftsvolumen während der Kriegsjahre legte den Grundstein für Harley-Davidsons zukünftigen Erfolg und zog das Unternehmen ein für allemal aus den Tiefen der Rezession heraus und verurteilte zugleich den Kernwettbewerber Harley-Davidsons, Indian, zum finanziellen Ruin. Der amerikanische Sieg im Zweiten Weltkrieg verpasste der Marke Harley-Davidson ein Image, das man sich für Geld nicht hätte kaufen können, und positionierte die Motor Company perfekt für große Erfolge während des Wirtschaftsbooms der Nachkriegszeit. Viele Händler hatten während des Kriegs um ihr wirtschaftliches Überleben kämpfen müssen, doch diejenigen, die den Krieg tatsächlich überstanden, wurden mit Scharen heimkehrender Soldaten belohnt. Sie hatten das Motorradfahren im Militärdienst auf einer Harley-Davidson erlernt und standen Schlange, um nagelneue Motorräder zu kaufen, mit denen sie ihre hart erarbeitete Freiheit genießen wollten. Zugleich gab es haufenweise preiswerte, überschüssige Motorräder aus Militärbeständen für die kleine Bevölkerungsgruppe gelangweilter, den Adrenalin-Kick suchender ehemaliger GIs – die Keimzelle der parallel entstehende Subkultur der Motorrad-Outlaws.

. . . Somewhere in France
The Enthusiast
A MAGAZINE FOR MOTORCYCLISTS
SEPTEMBER
1944
Front Line Hero!
Make way in your hearts for another hero—Uncle Sam's motorcycle soldier. Astride his throbbing mount, he symbolizes the modern mechanized forces fighting for freedom . . . . Not only is he out far ahead scouting for priceless information about enemy positions, enemy strength, bridges, roads, tank traps, but he is also engaging in actual combat. Through enemy lines he breaks and leaves confusion, fear and terror in his wake. The skillful, daring riding so many of our army motorcyclists learned in competition on hill, road and track in days of peace is serving them well in these strenuous days of war. Their service to freedom's cause is beyond price. We salute our brave motorcycle soldiers . . are proud of them and their deeds.
HARLEY-DAVIDSON MOTOR COMPANY, Milwaukee, Wis., U.S.A.
BACK HIM UP WITH BONDS!
S2RCN
D-20

Old Gold
BEER
PRIMA-BISMARCK
BREWING CO.
CHICAGO
Miller
Johnny
Manker

21

DIE ERSTEN ROCKER

Am Ende des Zweiten Weltkriegs waren überschüssige Militär-Motorräder (und Teile) überall auf dem Globus verstreut. Viele kamen zurück in die Vereinigten Staaten, wo sie für die zivile Nutzung angepasst wurden. Andere blieben an Ort und Stelle und bereicherten die Harley-Davidson-Familie mit vielen internationalen Fahrern. Gleich an welchem Ort, wurden viele dieser Maschinen angepasst und umgebaut, und letztlich war das der Ursprung der modernen Custom Bike Szene mit ihren individualisierten Maschinen.

Von Anfang an gab es zwei „Stammesgruppen" von Motorradfahrern: Die eine Gruppe zog es vor, ihre Motorräder durch Anbauten zu verschönern und zu personalisieren; die andere Gruppe hingegen entfernte Teile – für mehr Fahrspaß und höhere Geschwindigkeit. Für die erste Gruppe entwickelte Harley-Davidson flugs eine Zubehörkollektion: verchromte Radscheiben, stark gesäumte Satteltaschen, Sitzüberzüge und mehr. Es gibt im Museum eine nicht-restaurierte FL von 1947 mit dieser Ausstattung zu sehen. Die zweite Gruppe ging den umgekehrten Weg und fokussierte sich darauf, Teile wegzulassen, um das Gewicht zu verringern und die Beschleunigung zu erhöhen. Durch das Entfernen des vorderen Kotflügels und der kompletten Sicherheitsausrüstung sowie das anschließende Verkürzen des hinteren Kotflügels entstand der sogenannte Bobber. Der Bobber war ein Vorläufer des Chopper, der in den 1960er und 1970er Jahren ungeheuer beliebt werden sollte.

Nirgendwo war der Bobber-Stil aber so populär und verbreitet wie in Südkalifornien, das in den Nachkriegsjahren von einem um sich greifenden Fieber gepackt wurde: dem „Hotrodding" („Frisieren"/Tunen von Motorfahrzeugen). Das Motorrad der Wahl für diese Leute war eine billige, leicht zu beschaffende – weil überschüssige – Militär-WLA, die für das Erreichen hoher Geschwindigkeiten optimiert wurde.

Diese Tuner- oder Bobber-Kultur ging aber über Fahrzeuge hinaus; sie war gleichsam ein eigener Lebensstil, der am Rand der feinen Gesellschaft existierte und in besonderem Maße unzufriedene Heimkehrer aus dem Militärdienst anzog, die nicht bereit waren, ein Vorstadtleben mit Bügelfalte zu führen.

Viele diese Hot-Rod-Gammler fanden sich bald zusammen und bildeten die ursprünglichen „Outlaw" Motorrad Clubs (Clubs außerhalb des Dachverbands AMA, daher „Gesetzlose"; *Anm. d. Übersetzerin*). Einer der ersten dieser Motorrad-Clubs (kurz: MC) waren die Boozefighters (deutsch: Kampfsäufer), die sich in den späten 1940er Jahren in Los Angeles formierten. Ihr Name sagt alles. Unter den Gründern waren der Weltkriegsveteran „Wino" Willie Forkner und sein Freund John Cameron (der für Wehrdienstuntauglich erklärt worden war, weil sein Körper durch viele Motorradunfälle in Mitleidenschaft gezogen war), gelangweilt und stets auf der Suche nach dem ultimativen Risiko. Sie fanden, wonach sie suchten, indem sie für Kleingeld ausgediente Militär-WLA kauften, die Militärausstattung entfernten und die Motorräder in unverwüstliche und schnelle Bobber umbauten, mit denen sie auf den Salzseen Südkaliforniens rasen konnten. Eine Bobber Replika von 1942 im Stil eines Boozefighters-Motorrads mit der charakteristischen grün-weißen Lackierung und dem Drei-Stern-Flaschenlogo des Clubs auf dem Öltank, ist heute in der Museumssammlung zu bewundern.

Am Wochenende des Nationalfeiertags, dem 4. Juli, beschlossen 1947 die Boozefighter und ein paar andere gesetzlose MCs (unter ihnen die Pissed-Off Bastards, die Top Hatters, die Market Street Commandos und der Galloping Goose Motorclub), die Feiertagsparty der Kleinbürger aufzumischen: Auf einer „Gypsy Tour Rally" im kalifornischen Hollister fanden sich an diesem Wochenende über viertausend Motorradfahrer ein und verdoppelten dabei fast die Einwohnerzahl der Kleinstadt. Die meisten Besucher kamen, um am Rennen und an netten sozialen Aktivitäten teilzunehmen, aber eine kleine Minderheit – wie die Boozefighter – kam nur, um zu feiern und Lärm zu machen, zu trinken, und zu kämpfen. Sie fuhren mit ihren nicht schallgedämpften Motorrädern die engen Gassen der Stadt auf und ab und machten die Straßen unsicher. Das Ergebnis war Chaos pur, für das ganze Land schön aufbereitet in einem reißerischen Artikel in der Zeitschrift *„Life"* vom 21. Juli 1947. Der Artikel verurteilte die Vorkommnisse in Hollister, schuf aber zugleich die Legende vom Motorrad-Outlaw. Der Archetypus des „Gesetzlosen" wurde mit dem kultigen Marlon Brando Film „The Wild One" gefeiert, von dem man sagt, er sei durch die Unruhen in Hollister 1947 inspiriert worden. Der Outlaw lebt und überlebt noch heute, siebzig Jahre später.

Die Reaktion auf die beängstigenden Vorfälle in Hollister erfolgte prompt, wie dieses Zitat aus einer Rede bei der Harley-Davidson Händlertagung im November des Jahres 1947 beweist: *„Gut gekleidete Motorradfahrer auf glänzenden und gut aussehenden Motorrädern werden sich vermutlich von Ärger fernhalten. Fahrer in Overalls auf ungepflegten und getunten Motorrädern sind auf Krawall gebürstet und werden ihn vermutlich auch machen."* Vor dem Zweiten Weltkrieg waren Motorradclubs in der Regel gut erzogene Gruppen, die sehr stolz auf ihre Organisation und ihre Erscheinung waren. Nach dem Krieg war die Sachlage eine andere.

Nachdem sie die Hölle des Schlachtfelds erlebt hatten, waren viele zurückkehrende Soldaten nicht in der Lage, ein normales und geordnetes Leben zu führen. Outlaw-Motorradclubs boten ihnen einen alternativen Lebensstil, der durch Geschwindigkeit und Nervenkitzel gekennzeichnet war und Gelegenheiten bot, regelmäßig die heile Welt der gesetzestreuen Bürger herauszufordern. Der geächtete Biker wurde fast sofort zur Schlüsselfigur der amerikanischen Gegenkultur. Der Outlaw behielt diese Stellung über viele Jahrzehnte und prägte eine Haltung und Ästhetik, die auch noch heute verlockend und wirkmächtig ist.

LEO

22

KLEIDER MACHEN LEUTE

Heute ist das Motorradfahren eine Aktivität beider Geschlechter. Jeder Mensch, jung oder alt, männlich oder weiblich, schwarz oder weiß, darf sich angesprochen fühlen, mit dem Zweirad zu reisen. Das war nicht immer so. Wie viele andere Lebensbereiche der Amerikaner war in den 1930er Jahren das Motorradfahren nach Hautfarbe separiert (und oftmals auch nach Geschlecht). Ein im Museum ausgestellter Antrag auf Mitgliedschaft beim amerikanischen Motorradverband AMA zeigt diese hässliche Wahrheit in fettgedruckten Lettern: *„Mitgliedschaft nur für Weiße.“* Die Rassentrennung beschränkte sich nicht nur auf Mittagstische in Restaurants oder auf öffentliche Trinkbrunnen, sondern sie betraf auch die Welt des Motorradfahrens.

Natürlich hinderten die rassistischen Beschränkungen die afroamerikanischen Motorradfans nicht darin, ihrer Leidenschaft für das Fahren mit dem Motorrad nachzugehen. Sie führten aber dazu, dass die schwarzen Motorradfahrer sich ihr eigenes Paralleluniversum mit afrikanisch-amerikanischen Motorclubs schufen. Viele dieser Clubs existieren und gedeihen noch heute. Einer der ersten Motorradclubs für Afroamerikaner waren die Berkeley Tigers, die sich in den 1940er Jahren in der Gegend um die kalifornische Bucht gründeten. Wie viele andere Clubs auch, fingen die Berkeley Tigers als Übungsteam an. Die Clubmitglieder übten sich im synchronen Fahren in Formationen und zeigten Tricks auf dem Motorrad bei Paraden oder Wettbewerben.

Jedes Team trug passende Uniformen, und die Looks oder die Farben wurden bald zu distinktiven Clubmerkmalen. Das Harley-Davidson Museum hat ein Dutzend Club-Sweatshirts in einem großen Glasschrank in der Club- und Wettbewerbsgalerie ausgestellt. Eines der auffälligsten Stücke ist der grün-und-goldfarbene Berkeley Tigers Pullover, den das Clubmitglied Leo Hopkins gespendet hat. Hopkins, der ab Mitte der Vierziger Jahre mit dem Motorradclub fuhr, schenkte seinen Pullover der Berkeley Tigers dem Museum zusammen mit einer erstaunlichen Sammlung historischer Fotos und Filmmaterial, in der Clubaktivitäten und Abenteuer festgehalten sind.

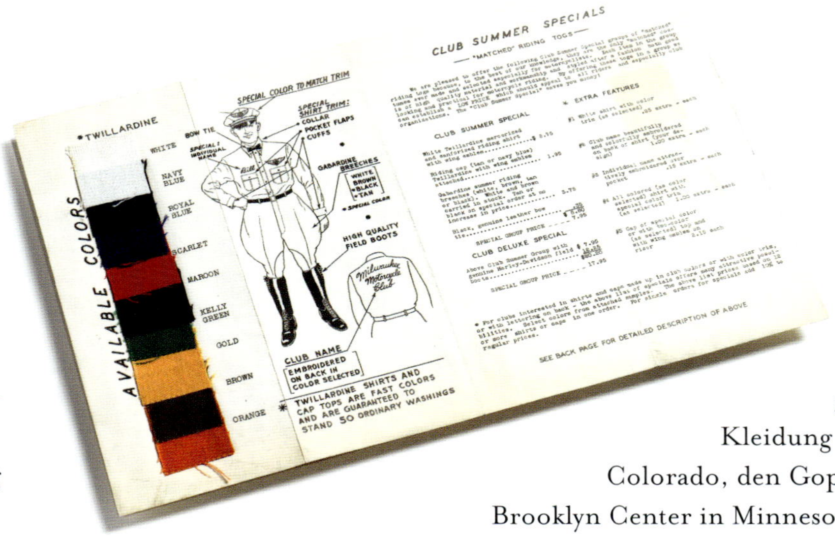

Die Hopkins-Kollektion liefert einen faszinierenden Einblick in die eng vernetzte afrikanisch-amerikanische Motorradkultur, wie sie in den späten Vierziger Jahren bis durch die Fünfziger Jahre hinweg existierte. Zu dieser Zeit weigerten sich viele Motorradhändler, einer schwarzen Person überhaupt ein Motorrad zu verkaufen, und ein ganze Bevölkerungsgruppe war gezwungen, sich aus dem Nichts eine eigene Kultur zu schaffen.

Die anderen Clubsweater, die in der Museumssammlung zu sehen sind, geben einen umfangreichen Überblick über die von der AMA (American Motorcycling Association) anerkannten Motorradclubs, die nach dem Zweiten Weltkrieg in Amerika gediehen. Darunter sind solche Clubs wie der Worcester Club oder die Massachusetts Friendly Riders, die exakt das entgegengesetzte Image der Boozefighter oder anderer auf Krawall gebürsteten Outlaw-Gangs hatten, die sich während derselben Zeit formierten.

Die von der AMA anerkannten Clubs wandten sich an die eher angepassten Amerikaner, die die Kameradschaft und das Gruppenleben genossen, die ihnen die Motorradclubs bieten konnten. Das Leben in den anerkannten Clubs war geregelt durch strikte Vorschriftenkataloge und regelmäßige Clubtreffen, bei denen man zusammen Ausflüge unternahm, sei es in Form von Pokerfahrten, Motorrad-Rodeos oder größeren regionalen „Gypsy Tours", Bummelfahrten.

Jeder dieser Motorradclubs trug einen eigenen Namen, hatte eigene Statuten und – am Allerwichtigsten – eine eigene Uniform von Kopf bis Fuß. Die Museumsausstellung zeigt Club-Outfits aus ganz Nordamerika, darunter die Kleidung der Teadrinkers aus Denver in Colorado, den Gopher State Motorcycle Club aus Brooklyn Center in Minnesota, einen blauen Pullover mit dem Abbild einer Ente, die einen Regenschirm trägt, des Tacoma MC in Tacoma in Washington, und, nicht zu vergessen, die Beer City Riders aus dem heimatlichen Milwaukee – woher denn auch sonst? Es gibt auch noch Fotos und Club-Sweater von den Motor Maids aus Illinois, des ältesten und größten ausschließlich weiblichen Motorradclubs. Die Motor Maids wurden 1940 von Linda Dugeau und der Harley-Davidson Händlerin Dot Robinson mitbegründet.

Die Harley-Davidson Motor Company unterstützte die von der American Motorcycle Association AMA anerkannten Clubs von Anfang an, weil man bei Harley-Davidson verstanden hatte, dass die Geselligkeit unter Motorradfahrern eine der besten und effektivsten Möglichkeiten bot, den Motorradsport weithin bekannt und beliebt zu machen. Eines der frühesten Artefakte im Clubbereich des Harley-Davidson-Museums ist eine Broschüre aus dem Jahr 1922 mit dem Titel *„Der Motorradclub: Gründung und Satzung“*. In den später Dreißiger Jahren produzierte Harley-Davidson für seine Kunden einen separaten Flyer mit Zubehör und schlug sogar einheitliche Stoffmuster für die Clubuniformen vor. Einige der im Museum gezeigten maßgefertigten Pullover wurden von Harley-Davidson produziert. Man konnte damals beim Unternehmen Harley-Davidson sogar ganze Sonderanfertigungen, komplett mit Hemd, Hose und einer „Fahrermütze“, bestellen. Der Motorradhelm wurde zu dieser Zeit offenbar noch nicht als erforderliches Zubehör betrachtet.

BEER CITY
RIDERS

Black Panther
Motorcycle Club

Motor Maids
from
Illinois

BERKELEY TIGERS
M.C.

1948

NATIONAL

HARLEY-DAVIDSON

DEALERS'

CONFERENCE

NOVEMBER

24-26 • 1947

SCHROEDER HOTEL

MILWAUKEE · WISCONSIN

1948

HARLEY-DAVIDSON MOTOR CO.

JOSEPH G. KILBERT

DOMESTIC SALES MANAGER

NATIONAL DEALERS CONFERENCE

23

DIE HARLEY-DAVIDSON-WELT VON MORGEN

Das Modelljahr 1948 brachte für Harley-Davidson große Veränderungen mit sich. Den Händlern wurde ein erster Blick hinter die Kulissen während der als „top secret" angekündigten Händlertagung 1947 in Milwaukee gewährt. William H. Davidson, Vorstandsvorsitzender bei Harley-Davidson von 1942 bis 1971, nannte diesen Vorgang offiziell „Operation Secret Destination" (deutsch: geheime Zielsetzung). Am Abend des 24. Novembers 1947 wurden die Händler und ihre Gäste zum Eisenbahndepot der Chicago & Northwestern Rail in die Innenstadt Milwaukees gebracht. Dort angekommen, stiegen sie in Eisenbahnwaggons um und wurden in die nahegelegen Stadt Wauwatosa, nur 8 Meilen von Milwaukee entfernt gelegen, gefahren. Hier besichtigten sie Harley-Davidsons neue Produktionsstätte am Capitol Drive, die erst kurz zuvor für die nicht unerhebliche Geldsumme von 1,5 Millionen Dollar erbaut worden war.

„Wir haben uns für ein weitreichendes Expansionsprogramm entschieden, um die marktbeherrschende Stellung Harley-Davidsons zu erhalten", erklärte Davidson den Händlern auf der Tagung, *„und nun sehen Sie mit eigenen Augen, was wir damit meinen – keine Blaupause, sondern eine moderne Fertigungsanlage."*

Die Existenz einer hochmodernen neuen Produktionsstätte war aber nicht die einzige Neuigkeit, die Harley-Davidsons Führung den Händlern mitzuteilen hatte: Firmenverantwortliche zeigten zum ersten Mal vor versammelter Mannschaft mit dem winzigen 125 Kubikzentimeter Modell S ein komplett neues Motorradkonzept. Jetzt hatte Harley-Davidson endlich ein preiswertes Modell für den Einstieg und konnte mit einem überaus wirtschaftlichen Angebot den boomenden weltweiten Markt für Fortbewegungsmittel zufriedenstellen.

Das Modell S war Teil der Zukunftsvision Harley-Davidsons und eine radikale Abkehr von den großen V-Twin-Motoren. William H. Davidson bezeichnete es als Teil der *„Harley-Davidson-Welt von Morgen"* und verwies auf neue, relevantere Produkte, verbesserte Dienstleistungen und natürlich auf die modernere Fabrik, welche die große Nachfrage nach Harley-Davidson Motorrädern weltweit befriedigen könne.

Der Zweite Weltkrieg hatte für Harley-Davidson manch positiven Nebeneffekt gehabt. Die Produktion für das Militär ließ das Unternehmen während der Kriegsjahre schwarze Zahlen erwirtschaften, und als der Krieg beendet war, strömten Zehntausende ehemalige Soldaten zur Erfolgsmarke ihres Vertrauens, um sich Motorräder für die neugewonnene Freizeit zu kaufen. Harley-Davidson konnte so die eigene Marktposition

festigen und ausbauen. Während der Kriegsjahre wurden kaum Motorräder in Zivilversionen gebaut, weil alle Produktionsmittel für die Kriegsmaschinerie gebraucht wurden. Nachdem der Krieg aber vorbei war, erhöhte man das Produktionsvolumen für den zivilen Markt im Schnelldurchgang: Während der Jahre von 1945 bis 1948 wurden pro Jahr jeweils an die viertausend Motorräder zusätzlich gebaut. Die Jahre nach dem Krieg brachten Amerika einen Wirtschaftsboom, bei dem Harley-Davidson besser aufgestellt war als andere Motorradhersteller. Erstmals nach vielen Jahren war das Motorradfahren wieder Teil der Mainstream-Kultur geworden, und das Unternehmen reagierte darauf enthusiastisch mit neuen Produkten und verstärkten Anstrengungen, in den sich entwickelnden Markt der Jugend zu expandieren.

Zur selben Zeit ermöglichte die „Kriegsbeute" in Form von Reparationen an die Amerikaner die erhebliche Ausweitung des Produkt-Portfolios der Motor Company. Harley-Davidson entwickelte daraufhin eine Produktlinie leichter Maschinen, um die Nachfrage nach billigen und effizienten Transportmitteln innerhalb und außerhalb Amerikas bedienen zu können. Das neue Modell S basierte auf der (deutschen) DKW RT 125, deren Konstruktionspläne nach dem Ende des Zweiten Weltkrieges als Reparation beschlagnahmt worden waren (die Zeichnungen der DKW RT 125 wurden übrigens auch an Großbritannien und an die Sowjetunion weitergegeben und führten dort zu den jeweiligen Modellen BSA Bantam und MMZ Moskya/Minsk).

Das einfache und mit 325 Dollar relativ preisgünstige Modell S wurde von einem Zweitaktmotor mit nur drei PS Leistung angetrieben und verfügte über eine Trapezgabel mit Gummibandfederung. Das Harley-Davidson Modell S hatte eine riesige Fangemeinde gerade unter jungen Leuten – es war sogar so gefragt, das man im ersten Jahr gleich zehntausend Exemplare davon verkaufen konnte. *„Noch nie zuvor hat je ein brandneues Harley-Davidson Motorrad einen solchen Erfolg in seinem ersten Jahr gehabt"* sagte ein überglücklicher Vorstand namens William H. Davidson daraufhin bei seiner Jahresadresse 1948 an die Aktionäre.

Das Modell S und andere leichtere Modelle waren wichtig für das Unternehmen, weil sie die Türen zu den Ausstellungsräumen der Händler für Frauen, junge Motorradfahrer, Pendler und allen anderen, die sich von der Größe oder dem Preis der V-Twin Maschinen nicht angezogen fühlten, öffneten. Im Jahr 1955 vereinigten die leichten Modelle bereits ein Drittel der Harley-Davidson-Jahresproduktion auf sich. Allerdings sollte der Wettbewerb in diesem sich schnell verändernden Markt auf Dauer nicht ohne Herausforderungen bleiben.

1948
HARLEY-DAVIDSON

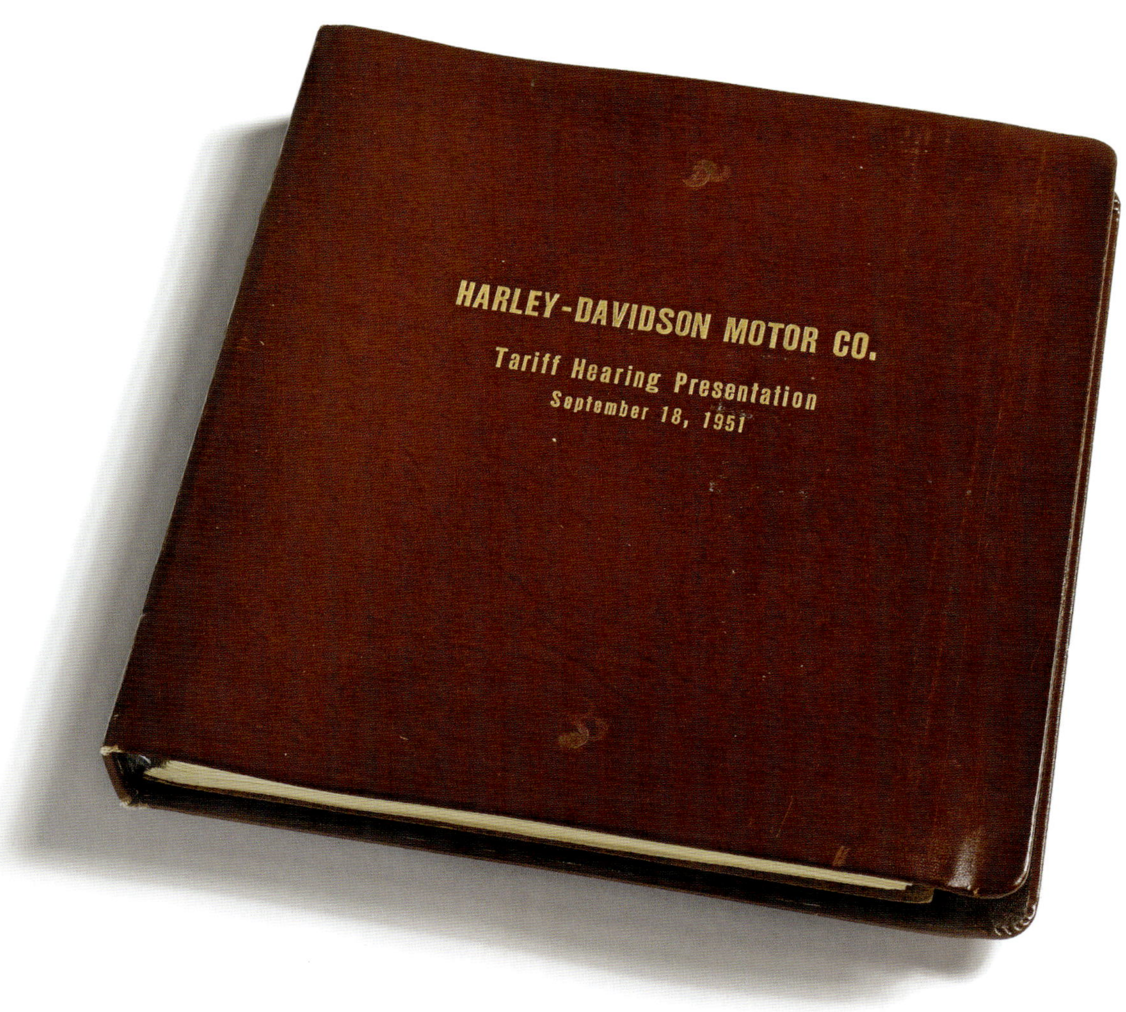
HARLEY-DAVIDSON MOTOR CO.
Tariff Hearing Presentation
September 18, 1951

Harley-Davidson Motor Co.

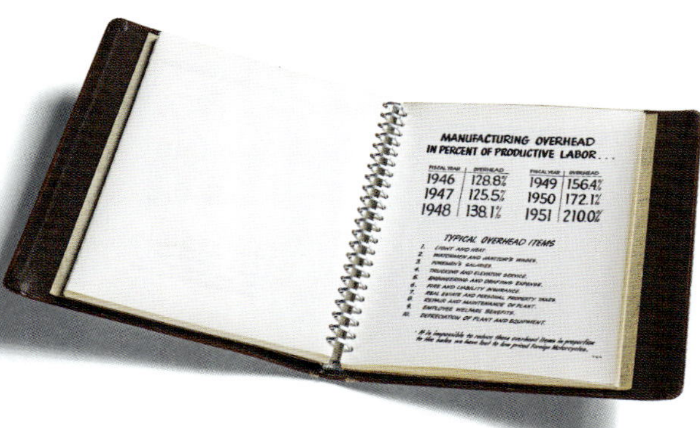
MANUFACTURING OVERHEAD
IN PERCENT OF PRODUCTIVE LABOR...
1946 128.8%
1947 125.5%
1948 138.1%
1949 156.4%
1950 172.1%
1951 210.0%
TYPICAL OVERHEAD ITEMS

HARLEY-DAVIDSON 125 MODEL

Die europäischen Motorradmarken wurden auf dem amerikanischen Markt immer beliebter: In den frühen Fünfziger Jahren sah sich Harley-Davidson einer besonders schneidigen Konkurrenz durch erschwingliche leichte Motorräder aus Großbritannien ausgesetzt. Marken wie BSA, Triumph und Norton setzten dem amerikanischen Unternehmen durchaus zu. Harley-Davidson verkaufte im Jahr 1948 an die dreißigtausend Motorräder, im Jahr 1951 hingegen war die Anzahl auf fünfzehntausend gefallen. Der Rückgang von annähernd 50% ließ sich größtenteils darauf zurückführen, dass eine Flut von billigeren europäischen Motorrädern auf den amerikanischen Markt schwappte.

Großbritannien erlebte in den Nachkriegsjahren ein bemerkenswertes Wirtschaftswachstum, unter anderem auch bei der Produktion von Motorrädern. Die britischen Importe in die Vereinigten Staaten stiegen fast auf das dreißigfache Volumen gegenüber dem der Vorkriegszeit an, und bis zum Jahr 1951 ließ die britische Firma BSA mit ihrer Bantam 125 bei den Verkaufszahlen Harley-Davidsons Modell S locker hinter sich. Beide Motorräder waren weitghend baugleich (Sie erinnern sich, beide basierten auf der deutschen DKW RT 125), aber wegen der niedrigeren Löhne in Großbritannien und der unterbewerteten britischen Währung war das britische Motorrad viel günstiger zu haben.

Mit höheren Lohn- und Produktionskosten musste sich Harley-Davidson anstrengen, um im Konkurrenzkampf mithalten zu können; schließlich wandte sich die Motor Company an die amerikanische Regierung mit der Bitte um höhere Einfuhrzölle auf britische Leichtkrafträder. Wenn man die Briten nur ordentlich mit Zöllen belegte, so dachte man, würde man das Spielfeld einebnen und Harley-Davidsons Inlandsabsätze ankurbeln. Die US-Regierung entschied sich 1951 allerdings dagegen, Strafzölle einzuführen; Harley-Davidson musste sich also selbst wehren.

Allerdings entschied sich die amerikanische Regierung in den 1980er Jahren für Importzölle, als Harley-Davidson einem massiven Konkurrenzdruck durch japanische Motorradhersteller ausgesetzt war.

Infolge dieser Entwicklung war Harley-Davidson nun gezwungen, aktiv Schritte zu unternehmen und das Händlernetz auf die zunehmende Konkurrenz vorzubereiten. *„Die Tage des Herumsitzens und Entgegennehmens von Aufträgen sind definitiv vorbei"*, so warnte die Unternehmensleitung 1951 die Händler, *„Wir müssen aktiv Verkäufe anstreben, indem wir Nachfrage nach unseren Produkten wecken"*. Harley-Davidson kam mit einer aggressiven Werbekampagne zurück: *„Get in the good times now!"* (Schnappt Euch die guten Zeiten!) war das Motto einer Anzeigenkampagne, auf der junge Motorradfans die tollste Zeit ihres Lebens auf einem Harley-Davidson Leichtkraftrad verbringen.

Um das Motorradfahren noch attraktiver zu machen, entwickelte Harley-Davidson über die Tochtergesellschaft Kilbourn Finance Corporation sogenannte „pay-as-you-ride" Finanzierungsoptionen (Ratenzahlung). Man wollte hiermit auch junge Fahrer mit schmalerem Geldbeutel erreichen und sie zum Kauf eines Motorrads animieren. Es gab sogar eine Option ohne Anzahlung. Nie war es einfacher gewesen, Harley-Davidson-Besitzer zu werden.

Harley-Davidson produzierte noch lange leichte Motorräder, die auf der deutschen DKW RT 125 basierten, bis 1966 die Produktion des letzten DKW-Ablegers bei Harley-Davidson, der Bobcat, eingestellt wurde. Einige Jahre zuvor, 1960, hatte Harley-Davidson die Motorradsparte des italienischen Unternehmens Aermacchi zur Hälfte übernommen. Harley-Davidson ersetzte schließlich die ganze Angebotspalette veralteter amerikanischer Zweitaktmaschinen durch die moderneren Aermacchi-Motoren. Darunter war ein Modell mit 250 Kubikzentimetern und einem Viertaktmotor, das in Amerika unter dem Namen Harley-Davidson Sprint vertrieben wurde. Die sehr leistungsfähige und beliebte Sprint wurde 1969 mit einem 350 Kubikzentimeter-Motor aufgerüstet und bis ins Jahr 1974 produziert. Im selben Jahr übernahm Harley-Davidson die Kontrolle über Aermacchis Motorradsparte ganz und verkaufte sie 1978 an das Unternehmen Cagiva weiter.

1967 Model H Sprint

HARLEY-DAVIDSON
SPRINT
HARLEY-DAVIDSON

HARLEY-DAVIDSON
1949

24

DIE HYDRA-GLIDE

Dieses Motorrad, die Harley-Davidson FL Hydra-Glide von 1949, ist das Motorrad, das jede Menge Nachahmer gefunden hat, sowohl in der eigenen Designabteilung als auch auf der ganzen Welt. Noch Jahrzehnte nach diesem Modell bauten die japanischen Motorradhersteller schwergewichtige Cruiser im amerikanisch-inspirierten Stil. Das Modell FL Hydra-Glide ist der Archetypus des amerikanischen Motorrads schlechthin, und die zeitlose Anmutung überzeugt heute noch genauso wie damals.

Harley-Davidson stellte das FL Chassis bereits im Jahr 1941 vor. Das Modell Street Glide ist die aktuelle Variante des damaligen FL Modells und bis heute das meistverkaufte Motorrad bei Harley-Davidson. Die Motor Company führte 1948 den legendären Panhead-Motor ein, der seinen Namen seinen Kipphebelabdeckungen verdankt, die aussahen wie auf dem Kopf stehende Backformen. Erst im Jahr darauf, als die antike Springergabel ersetzt wurde, nahm die typisch amerikanische Cruiser-Silhouette Gestalt an. Das Modell Hydra-Glide wurde in Anlehnung an seine neue hydraulische Gabel betitelt, denn diese bot doppelt so viel Fahrkomfort wie die alte Springergabel. Die neue große V-Twin-Maschine hatte überdies deutlich verbesserte Fahreigenschaften und eine sehr gute Straßenlage. Die neue Gabel verlieh dem Motorrad zudem ein moderneres Aussehen, auf Augenhöhe mit den britischen Teleskopgabel-Modellen, die den amerikanischen Markt zu überschwemmen begannen.

Der tief heruntergezogene vordere Kotflügel und die kräftigen, weit auseinanderliegenden Gabelbeine, deren obere Hälften in einem gestanzten, stromlinienförmigen Halbmond aus Stahl eingeschlossen waren, gaben der Hydra-Glide eine breitschultrige, zeitlose und nie aus der Mode kommende Anmutung. Es ist keine Überraschung, dass die Anordnung der vorderen Gabel aus der Feder von Brooks Stevens stammte, der amerikanischen Designikone (und lebenslangem Einwohner Milwaukees), der unzählige Autos und Haushaltsgeräte und sogar das Oscar Mayer „Wiener-Würstchen-Mobil“ designt hatte (Oscar Mayer war ein Wurstwarenfabrikant).

Auch das übrige Motorrad, mit dem *Fat Bob-Tank* und dem mittig angeordneten Tachometer sowie der hoch über den Rahmen hinausragende Sitz, hinterlässt einen bleibenden Eindruck. Vergleichen Sie einmal eine Hydra-Glide mit einer aktuellen Softail Deluxe und Sie werden sehen, dass es viel mehr Gemeinsamkeiten als Unterschiede gibt: Das ist ein wirklich zeitloses Styling.

Der Panhead-Motor markierte einen großen Sprung vorwärts gegenüber dem Knucklehead-Vorgänger. Er war mit wartungsarmen, hydraulischen Ventilstößeln (übrigens war die Panhead-Maschine das erste Motorrad überhaupt, das über diese Technologie verfügte) und Aluminium-Zylinderköpfen ausgestattet, die sich leicht kühlen ließen. Aluminium war vor dem Krieg knapp und verhältnismäßig teuer gewesen, doch war es verfügbar und günstig, als nach den Kriegsjahren Tausende ausgemusterte Flugzeuge nach Amerika zurückgeholt und eingeschmolzen wurden, um die Rohstoffe anderweitig zu nutzen. Die Umstellung von Gusseisen auf Aluminium, welches eine dreifach höhere Wärmeleitfähigkeit hat, erhöhte die Zuverlässigkeit der Motoren deutlich. Während die neuen einteiligen Ventildeckel beim Knucklehead die Öl-Leckagen am oberen Ende der Ventile, unter denen der Motor litt, nicht gänzlich beseitigten war der neue Panhead Motor wartungsarm und zuverlässig: Er stellte den Knucklehead in den Schatten.

Die Hydra-Glide wurde im Rahmen der Modellpflege in den folgenden Jahren immer wieder punktuell angepasst, um Leistung und Zuverlässigkeit zu erhöhen. Die erste große Veränderung kam im Jahr 1951 mit der Option eines Fußschalthebels. Die britischen Motorradmodelle der Nachkriegszeit ließen einen Fußschalter als geradezu obligatorisches Ausstattungsmerkmal für ein modernes Motorrad erscheinen, und sogar Harley-Davidsons einzig verbliebener amerikanischer Wettbewerber Indian bot seit 1949 eine Fußschaltoption auf seinem erfolgreichsten Modell an. Harley-Davidson achtete sehr darauf, die Handschaltung beizubehalten, um die eingefleischten Traditionalisten unter den Kunden nicht zu verprellen, aber bereits 1954 übertrafen die Verkaufszahlen der Modelle mit Fußschaltung diejenigen mit Handschaltung im Verhältnis zwei zu eins. In den kommenden Jahren wuchs dieses vorteilhafte Verhältnis für die Modelle mit Fußschaltung weiter an, und zu Ende der 1960er Jahre entschied sich Harley-Davidson dafür, nur noch Modelle mit Fußschaltung anzubieten.

Der Panhead-Motor erfuhr 1955 eine tiefgreifende Überarbeitung, als die Ingenieure das Kompressionsverhältnis steigerten und polierte Ansaugstutzen einbauten. Die neue Maschine hieß Panhead FLH (H für Hochdruck) und hatte zehn Prozent Leistung mehr zu bieten als das alte Modell. Im folgenden Jahr 1956 bekam das FLH Modell mit einer schneidigen „Victory“ Nockenwelle und neuen Kolben ein Upgrade, das für noch mehr Kompression sorgte. FLH-Sticker auf beiden Seiten des Öltanks verrieten jedem, dass diese Maschine Harley-Davidsons offizielles Hot-Rod-Motorrad war. Es war die letzte Version des Modells Hydra-Glide. Das enorm populäre Modell wurde 1958 durch etwas noch Besseres ersetzt: die Duo-Glide.

Vor 1958 beschränkte sich die hintere Federung bei Harley-Davidsons großen V-Twin Motorrädern auf die gefederte Sattelstütze, die nur den Fahrersitz abfederte. Dies war zu Ende der Fünfziger Jahre absolut nicht mehr hinnehmbar, wo doch nahezu jedes importierte Motorrad und selbst Harley-Davidsons K- und KH-Modelle mit kleinerem Hubraum Federbeine hatten. Wie konnte Harley-Davidson das Modell FLH bloß als „König der Straße“ betiteln, wenn es doch nicht einmal in der Lage war, eine simple Straßenschwelle annehmbar zu meistern? Das alles änderte sich 1958, als Harley-Davidson den ungefederten Hardtail-Rahmen durch einen Schwingarm mit zwei hydraulischen Stoßdämpfern ersetzte. Das war die Geburtsstunde der Duo-Glide. Die Hinterradfederung entsprach jetzt der Frontfederung, und die Fahrqualität verbesserte sich erheblich. Jetzt erst konnten Harley-Davidson Big-Twin-Maschinen die Auszeichnung „King of the Highway“ mit Fug und Recht tragen. Es gab 1965 mit der Installation eines Elektrostartsystems ein letztes Upgrade für die Plattform der großen Twin-Motorräder: Der Übergang vom antiken Vorkriegsmodell hin zum modernen Motorrad war geschafft. Nach fast zwei Jahrzehnten ununterbrochenem Kampf um technische Überlegenheit und Wettbewerb gegen britische Motorräder, sah sich Harley-Davidson schon wieder einer neuen Importflut ausgesetzt – diesmal kam sie aus Japan.

Jetzt war das Unterscheidungsmerkmal nicht mehr die Fußschaltung oder die Teleskopgabel, sondern der Motorstart auf Knopfdruck. Der Start per Knopfdruck war eine echte Innovation, die bei den Honda-Motorrädern bald standardmäßig angeboten wurde. Eine große, dicke V-Twin

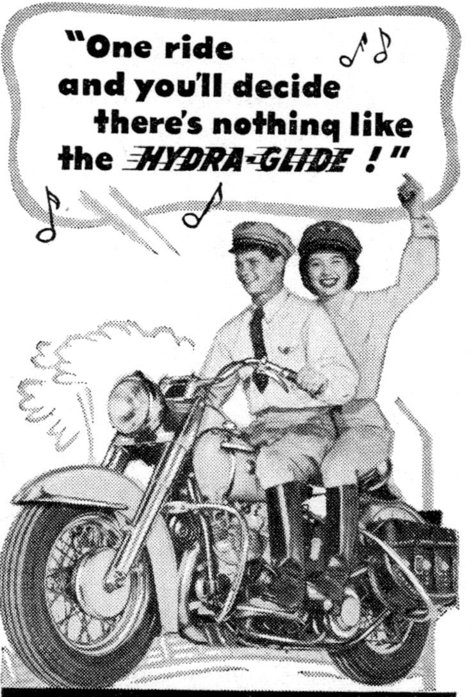

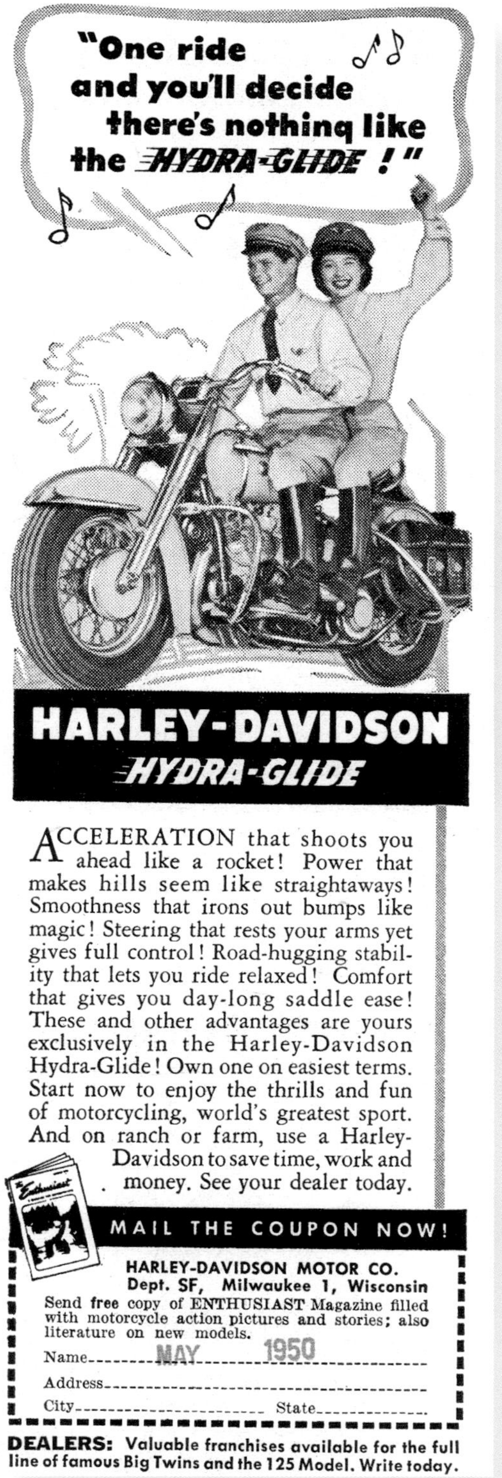
"One ride
and you'll decide
there's nothinq like
the HYDRA-GLIDE !"
HARLEY-DAVIDSON
HYDRA-GLIDE
ACCELERATION that shoots you ahead like a rocket! Power that makes hills seem like straightaways! Smoothness that irons out bumps like magic! Steering that rests your arms yet gives full control! Road-hugging stability that lets you ride relaxed! Comfort that gives you day-long saddle ease! These and other advantages are yours exclusively in the Harley-Davidson Hydra-Glide! Own one on easiest terms. Start now to enjoy the thrills and fun of motorcycling, world's greatest sport. And on ranch or farm, use a Harley-Davidson to save time, work and money. See your dealer today.
MAIL THE COUPON NOW!
HARLEY-DAVIDSON MOTOR CO.
Dept. SF, Milwaukee 1, Wisconsin
Send free copy of ENTHUSIAST Magazine filled with motorcycle action pictures and stories; also literature on new models.
Name MAY 1950
Address
City State
DEALERS: Valuable franchises available for the full line of famous Big Twins and the 125 Model. Write today.

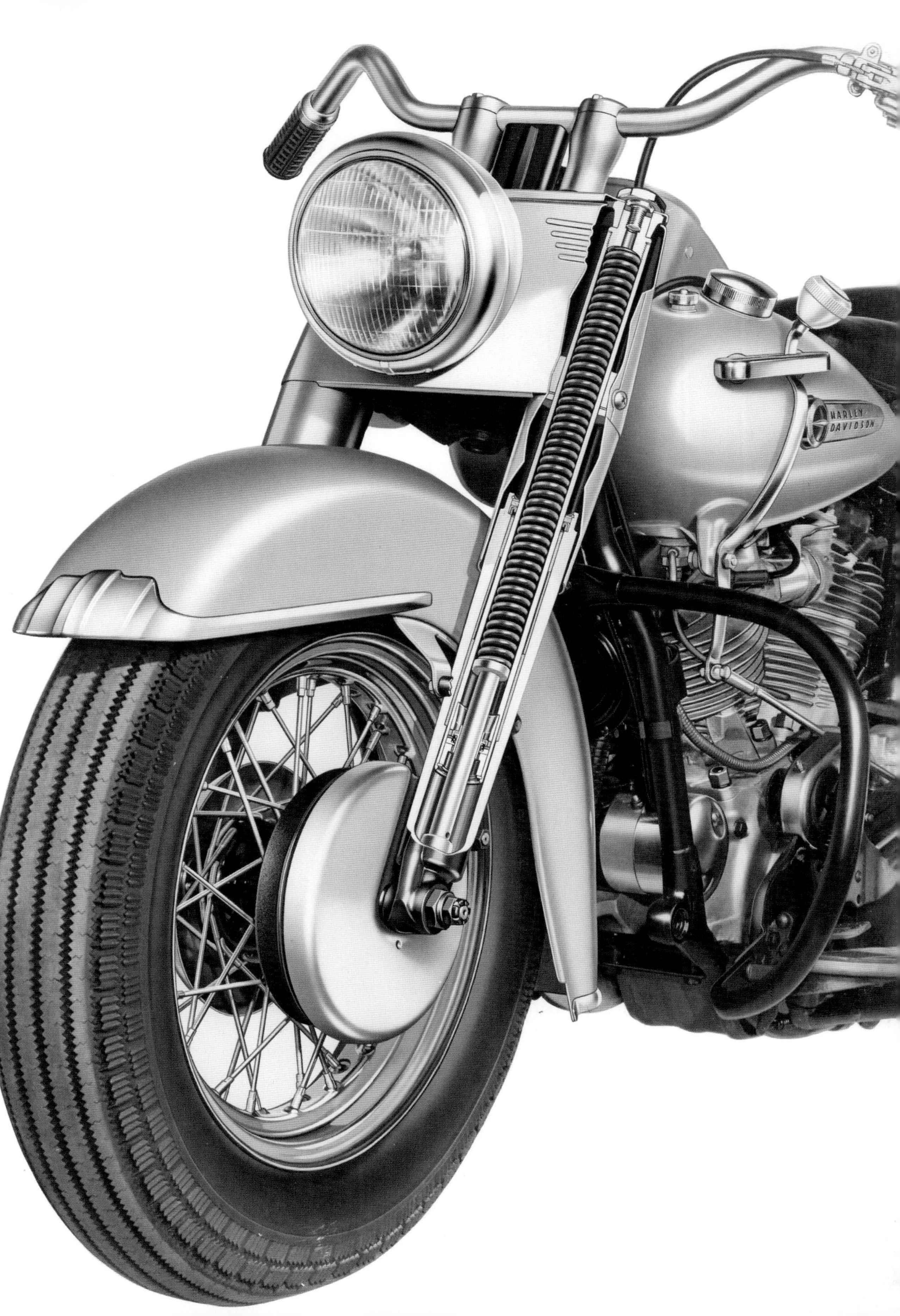
HARLEY DAVIDSON

SEE... RIDE... the newest–smoothest thrill on wheels...

the '58 DUO-GLIDE

A sensational *new* Harley-Davidson with the *smoothest* ride ever . . . the all-new DUO-GLIDE! Here is a *triple treat* in riding comfort featuring swinging arm rear suspension, spring-loaded seat post and the famous Hydra-Glide® front fork. 74 cubic inches of OHV dynamite keep you *way ahead* in power . . . new, hydraulic rear brake puts you *way ahead* in safety. It's the *glad ride* . . . the *glide ride* . . . the sensational DUO-GLIDE ride.

Stop in at your Harley-Davidson dealer and take a look at the "top line" of thrilling Harley-Davidsons with *new* features . . . *new* advancements . . . *new* two-tone color styling . . . and *see* for yourself why it's the "top brand" for 1958.

HARLEY-DAVIDSON MOTOR COMPANY
MILWAUKEE 1, WISCONSIN

Available in FL and super FLH series.

AND THE OTHER EXCITING

58 HARLEY-DAVIDSONS

SPORTSTER CH

HARLEY-DAVIDSON SWEEPS 1958 DAYTONA NATIONAL

Harley-Davidson took the first seven places in this year's 200-Mile Championship Beach-Road Race with a new record speed of 99.861 MPH. First three places in 100-Mile Amateur also went to Harley-Davidson horsepower.

MODEL 165

COMPETITION MODELS

SPORTSTER

HUMMER

Maschine per Kickstarter in Gang zu setzen, war für viele potentielle Neukunden eine quälende Vorstellung. Mit dem Schnellstart wurde diese Hürde beseitigt. Dieser einfache Startmechanismus war einer der Gründe, die dazu führten, dass die Verkaufszahlen der japanischen Modelle in die Höhe schossen, während Harley-Davidson zum wiederholten Male veraltet zu sein schien.

Harley-Davidson trat dieser Wahrnehmung entgegen, indem die Duo-Glide mit einem elektrischen Startsystem ausgestattet und Electra-Glide genannt wurde. Obwohl die Start-auf-Druckknopf-Technologie das Motorrad um satte 75 Pfund (34 kg) Gewicht (!) schwerer machte, schien dies den Käufern nichts auszumachen. Die Verkäufe im ersten Electra Modelljahr stiegen um 26% gegenüber ihrem Vorgängermodell, was dazu führte, dass die Electra-Glide 1951 die am meisten gefragte Big-Twin wurde.

Harley-Davidsons Electra-Glide war einfach in jeder Hinsicht: Das Motorrad hatte ein sehr ruhiges Fahrverhalten, es war leistungsstark, zuverlässig und sehr leicht zu starten. Die Electra-Glide sprach einen größeren Querschnitt der amerikanischen Motorradfahrer an und festigte die Popularität Harley-Davidsons gerade auch bei Gelegenheitsfahrern. Harley-Davidson legte mit diesem Modell die Grundlage für ein zukunftssicheres und langlebiges Markendasein.

MAY 1956

THE Enthusiast

A MAGAZINE FOR MOTORCYCLISTS

ELVIS PRESLEY — Hottest singing style on wax. See story on page 14.

Who Is Elvis Presley?

THAT rocket blazing a fiery trail across the musical sky these days and nights is no rocket. It's 21 year old Elvis Presley, Memphis's contribution to the world of music. Presley's rise to fame has been little short of fantastic. Some time ago, Elvis walked into the Sun Record Company in Memphis, Tenn., and recorded his voice at his own expense. Sun Record Company liked Presley's style and signed him to a contract. Recently RCA Victor bought Presley's contract and he was on his way up. He recorded "Heartbreak Hotel". His unique style clicked at once. Now this record is a cinch to pass the million mark any day. He is in great demand for personal appearances and TV shows. More of his songs are being released. His head is in a whirl but Elvis is taking it all in stride. He appreciates his good fortune and is determined not to let it change him.

How does Elvis rate cover position in the ENTHUSIAST? He is a Harley-Davidson rider and is shown on his third motorcycle. He started out as the owner of a 165 and at present rides the 1956 "KH". It is a red and white model and is his favorite. His new life makes great demands on him but, he still finds time to roll up some miles on his "KH". Good luck for your future, Elvis. *Bruehl Photo*

Motorcycling on TV in San Diego, California

MOTORCYCLING received some good publicity in the San Diego area on March 30. Brad Andres, the 1955 Daytona Champion was interviewed

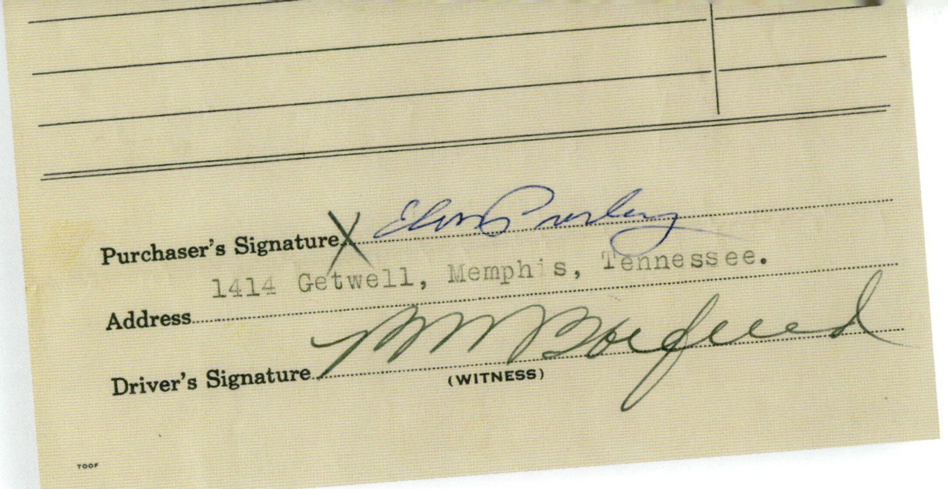

Purchaser's Signature X Elvis Presley
1414 Getwell, Memphis, Tennessee.
Address
Driver's Signature
(WITNESS)

25

DAS MOTORRAD DES KING

Heute ist es fast schon klischeehaft, wenn ein neuer Rockstar seinen oder ihren Erfolg mit einem nagelneuen glänzenden Harley-Davidson-Motorrad zur Schau stellt. Aber 1956, als der Rock'n'Roll noch in seinen Kinderschuhen steckte, war Elvis Presley der Archetypus eines solchen Stars. Gerade einmal einundzwanzig Jahre alt, war Presley noch ein relativ unbekannter Künstler, als er sich am 14. Januar 1956 bei Tommy Taylor in Memphis diese pfeffer-rote KH kaufte. Dieser Kauf markierte zugleich einen Meilenstein in Presleys Karriere, denn er hatte soeben den Wechsel von Sam Philips Plattenlabel Sun Records hin zum Major Label RCA Victor vollzogen.

Nur vier Tage zuvor hatte Elvis mit „Heartbreak Hotel" seinen ersten Song für RCA Victor aufgenommen. Der Song entwickelte sich zu einem absoluten Bestseller in den Single-Charts und legte den Grundstein für die millionenfach verkaufte Nummer Eins-Platte mit seinem Namen *„Elvis Presley"*. Er hatte allen Grund zu feiern.

Die KH war allerdings nicht Presleys erstes Motorrad, auch wenn viele das glauben. Sein erstes Motorrad war die Harley-Davidson 165, die er 1955 erwarb und mit den Erlösen aus den Tantiemen seines ersten Plattenvertrags bei Sun Records bezahlte. 1956 hatten sich seine Fahrkünste verbessert und mit ihnen sein Bankguthaben, so dass er auf die leistungsfähigere KH umsattelte. Presley entschied sich für die zweifarbige KH Deluxe mit optionaler Windschutzscheibe und Soziussitz, so dass er hübsche Mädchen auf seinem Motorrad mitnehmen konnte. Er bezahlte 903 Dollar (nachdem er seine 165 in Zahlung gegeben hatte) und finanzierte diese Summe mit einer monatlichen Zahlung von 47 Dollar. Mit diesem Motorrad posierte Presley auf dem Cover der Mai-Ausgabe 1957 der Kundenzeitschrift *„The Enthusiast"* unter dem Titel *„Wer ist Elvis Presley?"* Es ist dasselbe Motorrad, das auch auf dem Plattencover des *„Return of the Rocker"* Albums abgebildet wurde.

Harley-Davidson

Elvis fuhr die KH bis November 1956, danach sattelte er auf die FLH, Modelljahr 1957, um. Er verkaufte seine KH an seinen Motorradkumpel Fleming Horne, der das Motorrad seinerseits wiederum sehr viel später 1995 an das Harley-Davidson Museum verkaufen sollte: komplett mit allen Papieren inklusive des von Presley unterschriebenen Kaufvertrags und aller ebenfalls von Presley unterschriebenen Anmeldeformulare. Das Motorrad ist seit der Museumseröffnung im Jahr 2008 Mittelpunkt der Popkultur-Ausstellung bei Harley-Davidson.

Die K-Serie war der erste Versuch Harley-Davidsons, ein leichtes, sportliches und modernes Motorrad zu entwickeln, das es mit den britischen leichten Motorrädern aufnehmen konnte, die in den frühen 1950er Jahren den amerikanischen Markt überrollten. Das Unternehmen ignorierte zunächst die britische Invasion und konzentrierte sich darauf, das Produktportfolio seiner großen Twin-Maschinen auszubauen: Die Motorräder mit dem großen Hubraum sollten leiser, zuverlässiger und wartungsfreundlicher werden. Als aber im Jahr 1951 Harley-Davidson nur noch fünfzehntausend Motorräder verkaufen konnte und Norton, Triumph und BSA zusammengenommen etwa doppelt so viele Einheiten absetzen konnten, konnte das Unternehmen es sich nicht mehr erlauben, das mittlere Marktsegment zu vernachlässigen.

Harley-Davidsons erster Aufschlag war 1952 das Modell K, ein semisportliches Motorrad, das deutlich kleiner, agiler und erschwinglicher war als die großen V-Twin Modelle der Motor Company. Angetrieben wurde das Modell K von einem 45 Kubikzoll-Motor (ca. 737 Kubikzentimeter) mit integriertem Vierganggetriebe und Fußschaltung. Das Motorrad war vorne wie hinten hydraulisch gefedert. Bis auf das betagte Flathead-Design des Motors war das Modell K ein überaus modernes und zeitgemäßes Motorrad.

Die K war das sportlichste Motorrad, das Harley-Davidson bis dahin gebaut hatte. Es war immer noch kein ernst zu nehmender Gegner für die leichteren und schnelleren Twins aus Großbritannien, zumal die britischen Hersteller nach und nach den Hubraum von 500 Kubikzentimeter auf 650 Kubikzentimeter vergrößerten und ihre Modelle mit Doppelvergasern und einer noch höheren Kompression ausstatteten. Da half es auch nichts, dass Harley-Davidson 1954 den Hubraum von 45 Kubikzoll beim Modell K auf 55 Kubikzoll (ca. 900 Kubikzentimeter) beim Modell KH heraufsetzte. Die Motor Company musste nun Ernst machen und tat das schließlich auch 1957, als der in die Jahre gekommene „Flathead" Motor (flacher Zylinderkopf mit seitlichen Ventilen) durch einen neu konstruierten OHV-Zylinderkopf mit Stoßstangen ersetzt wurde, der Harley-Davidsons ersten Sportster, den XL, antrieb. Obwohl es die Ingenieure zu diesem Zeitpunkt noch nicht wussten, sollte der Sportster die erfolgreichste und langlebigste Plattform in der Geschichte des Unternehmens werden. Auch heute noch, mehr als sechzig Jahre später, wird der Sportster, der damit zu einer der am längsten kontinuierlich gebauten Maschinen weltweit gehören dürfte, gut verkauft.

Der Sportster sah dabei eher wie ein zeitgenössisches Sportbike aus, weniger wie eine Harley-Davidson-Maschine. Er kam mit 32 PS bei 4.200 Umdrehungen die Minute (beides für damalige Verhältnisse beeindruckende Werte), und sein Kurzhubmotor machte ihn zum Sportbike. Die Marktresonanz war überwältigend. Der Sportster war ein Riesenerfolg, der viele Motorradfahrer von den britischen Maschinen zu einem amerikanischen „Bock" zurückholte. Beim neuen „Ironhead" OHV-Motor waren die Zylinder und Zylinderköpfe aus Gusseisen gefertigt, und er bestach durch eine stark verbesserte Leistung gegenüber dem alten „Flathead"-Motor. Aus diesem Grund wurde 1958 die Produktion der K-Serie eingestellt. Zur selben Zeit wurde das Angebot bei den XL-Modellen ausgebaut: Hinzu kamen die auf das Wesentliche reduzierte XLH und die Rennsportversion XLCH.

1960 stieg die Sportster-Produktion auf 2.765 Stück an, das waren 40% mehr als im Jahr 1957. Bis 1967 kletterte die Zahl auf 4.500 Einheiten – nach dem Modell Electra-Glide Harley-Davidsons zweiterfolgreichstes Modell – und im Jahr 1970 hatte die Sportster die Electra-Glide von ihrem Spitzenplatz verdrängt: Mit 8.560 Exemplaren wurden fast 1000 Stück mehr Sportster abgesetzt als von der Electra-Glide.

Der Einfluss des Sportsters auf das Unternehmen Harley-Davidson und auf die weltweite Motorradkultur kann gar nicht überschätzt werden.

Kein anderes Motorrad in der Unternehmensgeschichte Harley-Davidsons war so vielseitig und erfolgreich wie die Sportster. Die Sportster wurde für fast jede Art des Rennsports modifiziert, vom Hill Climbing über das Drag Racing bis hin zu Hochgeschwindigkeitsrennen über Land und auf der Flachbahn. Dabei ist sie so wandlungsfähig wie ein Chamäleon: Sie kann ein Streetfighter oder aber auch ein Einstiegsmodell sein – wie etwa Mitte der 1980er Jahre, als die Sportster 883 für unter 4.000 Dollar angeboten wurde, um Harley-Davidson neue Kunden zu erschließen, was dazu führte, dass eine Menge Erstfahrer die Marke für sich entdeckten, davon sehr viele Frauen. Die Sportster ist eine erstaunliche Erfolgsgeschichte, und auch heute, noch sechzig Jahre später, ist das Motorrad der Inbegriff von Coolness. Elvis mag wohl der Erste gewesen sein, dem dies aufgefallen war, aber er war bestimmt nicht der Letzte.

Die original „Studio Action". Aufnahme der XLCH von 1958. Das Modell XLCH war die Rennsportversion der Sportster-Plattform.

Smartly Styled
Cycle Queen Jacket
THE LADIES' CHOICE
Here's an ideal jacket for the gal on the Buddy Seat — a tailored *match-mate* to the Cycle Champ. Styled from brilliant black leather with action back for a feminine fit..................only **$26.95**
See it today at your
Harley-Davidson Dealer
HARLEY-DAVIDSON MOTOR CO.
MILWAUKEE 1, WISCONSIN

26

CYCLE CHAMP JACKET

Gibt es ein Motorrad-Accessoire, das mehr Kult-Charakter hat als die schwarze Biker-Lederjacke? Die zeitlose Lederjacke ist aus der Motorradkultur längst herausgewachsen und ist eines der nachhaltigsten Symbole von Popkultur und Rebellion geworden. Sie wird von jeder Gegenkultur übernommen: Getragen von Rockern und Punks, von Metalheads und Hip-Hop Stars, wird sie darüber hinaus noch von vielen anderen Subkulturen für sich reklamiert. Heute können Sie eine schwarze Lederjacke sowohl auf dem roten Teppich in Hollywood als auch auf den Laufstegen in Paris wie auch in Ihrem örtlichen Hipster-Coffeeshop sehen – sie macht einfach überall die gleiche gute Figur. Auch wenn Ihnen der Mut fehlen sollte, ein Harley-Davidson-Motorrad zu fahren, eine schwarze Lederjacke (vor allem ein *Cycle Champ Jacket*) lässt Sie danach aussehen.

Die schwarze Lederjacke ist heute für jeden – ob rebellischer Outsider oder Mode-Insider – die Verkörperung von Coolness. Das ist aber nicht immer so gewesen. Ursprünglich waren die Biker-Lederjacken vor allem aufgrund ihrer Funktionalität geschätzt: Das sehr robuste Leder schützte vor Abrieb bei Stürzen und war zudem wetterfest.

Leder gibt es heute natürlich in allen möglichen Farben, aber die Farbe Schwarz wurde bald zur ersten Wahl für Motorradfahrer. Erinnern Sie sich? In den Zeiten vor Harley-Davidsons Knucklehead hatten alle Motorräder Totalverlust-Ölsysteme. Wohin mit dem ganzen überschüssigen Öl? Gewöhnlich spritzte es den Motorradfahrer voll, und deshalb

machte schwarze – und nur schwarze – Motorradkleidung Sinn. Die Alten behaupten, dass man Harley-Davidson-Fahrer und Indian-Fahrer nur durch einen Blick auf die Rückseite ihrer Jacken unterscheiden konnte: Das Öl, das von den Ketten geschleudert wurde, landete bei Harley-Davidson-Fahrern auf der linken, bei den Indian-Fahrern hingegen auf der rechten Jackenseite.

Die Subkultur der Lederjacken-tragenden, rebellischen Außenseiter bildete sich zunächst aus den zurückkehrenden Veteranen des Zweiten Weltkrieges, die auch die ersten Outlaw-Motorradclubs gründeten. Sie waren oft auf ihren ausgedienten Bobber-WLA-Maschinen zu sehen, gekleidet in ausgemusterte Armee-Bomberjacken. Es war aber erst der Schauspieler Marlon Brando, der im Film „The Wild One“ aus dem Jahr 1953 den Johnny Stabler mimte, der das Image der schwarzen Lederjacke als Uniform der Ausgestoßenen zementierte. Brando war „der Wilde“, unvergesslich geschmückt mit einer tiefschwarzen „One Star“ Lederjacke der Firma Schott Perfecto, als er im Vorspann des Filmes mit seiner Maschine vorbei donnerte.

„Hey Johnny, wogegen rebellierst Du eigentlich?“ fragt ihn Mildred, das Mädchen aus der Nachbarschaft. „Was geht es Dich an?“ raunzt Brando höhnisch zurück. Er trug schwarzes Leder und war cool wie Eis.

Harley-Davidson brachte 1954 eine eigene Version der legendären schwarzen Lederjacke heraus. Das mittlerweile zum Klassiker mutierte Cycle Champ Jacket hatte modische Details wie einen aufgesetzten Ledergürtel und einen abnehmbaren Pelzkragen (die Motor Company kam im selben Jahr noch mit einer komplementären Cycle Queen Lederjacke nur für weibliche Motorradfahrer auf den Markt).

Harley-Davidson fertigte die Cycle Champ Lederjacke über viele Jahrzehnte hinweg und passte sie den sich verändernden modischen Vorlieben immer wieder aufs Neue an. In der Sammlung des Museums befindet sich eine ganze Menge Jacken, darunter ein Modell aus den Siebziger Jahren: Es hat ein verlängertes gepolstertes Rückenteil, das wohl inspiriert wurde durch frühere Nierengurte. Es gibt in der Ausstellung sogar eine preiswerte Version aus Nylon (die Titan Cycle Star), die in den 1970er Jahren für eine begrenzte Zeit zu kaufen war.

Obwohl die schwarze Lederjacke einst als „Symbol für Straffälligkeit“ verspottet wurde und von einer bestimmten Sorte Jugendlicher bevorzugt wurde, „die sich wie Motorradfahrer kleiden, aber noch nicht einmal eines besitzen“ – so der Harley-Davidson-Vorstandsvorsitzende William H. Davidson 1960 – verkörpert sie mittlerweile doch Stilsicherheit und Individualität par excellence, gepaart mit dem hart erarbeiteten Image rebellischer Coolness, das Harley-Davidson auszeichnet.

SPORTSTER
CHOKE
CONTROL
1958
165 and HUMMER
POSITIVE
BRAKE RETURN
SPRING
ALL TWINS
HIGH-OUTPUT
GENERATOR
ALWAYS ask for

SET YOUR SIGHTS
ON THE
TOPPER
By Harley-Davidson
HARLEY-DAVIDSON
TOPPER
A NEW CONCEPT IN
MODERN TRANSPORTATION
Surfers and
they're designed for fun
washes in a jiffy — bounces right
to mate with carefree Toppers. If you're
McGREGOR
Tops unde

27

DAS TOPPER STEREOSKOP

Motorroller gehörten, neben Hula-Hoop Reifen, Frisbee-Scheiben und Farbfernsehern, zu den allerersten Konsumverrücktheiten der Babyboomer. In den späten 1950er Jahren hatte es den Anschein, als hätte jeder amerikanische Teenager Zugang zu einem billigen und leicht zu fahrenden Roller, mit dem er mal kurz zum lokalen Kaufhaus fahren konnte, um sich die neueste Single von Elvis zu kaufen oder einen albernen Hut mit Mausohren, den man tragen konnte, während man sich im Fernsehen den „Micky-Maus-Club" anschaute.

Die Motorroller der Firma Cushman in Lincoln, Nebraska, waren die ersten populären Modelle, von denen allein im Jahr 1958 fünfzehntausend Stück verkauft wurden. Bei dieser Anzahl sind noch nicht einmal die umetikettierten und von den „Sears"-Kaufhäusern unter dem Namen „Allstate" verkauften Modelle berücksichtigt.

Harley-Davidson kam 1960 mit dem Modell Topper auf den überhitzten Markt. Der Topper, ein einfacher Motorroller mit niedrigem Durchstieg, einer kastenförmigen Karosserie aus Fiberglas und einem Zweitakt-Einzylindermotor mit Seilzugstarter rollte auf Scheibenrädern an den Start. Ein niedriger Schwerpunkt, eine „Scootaway"-Automatik und ein geringer Treibstoffverbrauch von etwa 2,5 Liter auf 100 Kilometer machten den Topper besonders attraktiv für junge Konsumenten.
Es war genau die Zeit, in der der Jugendmarkt als überaus wichtige Konsumentenkategorie entdeckt wurde. Ein einflussreicher Artikel in der Zeitschrift *„Life"* titelte im Jahr 1958 *„Vier Millionen machen Millionengeschäfte"* und erklärte diese Kinder zu einem *„eingebauten Wirtschaftswachstumsfaktor"*. Das waren demographische Zahlen, die auch Harley-Davidson nicht ignorieren konnte.

Um besser an die jugendliche Zielgruppe heranzukommen, experimentierte Harley-Davidson mit allen möglichen neuen und innovativen Werbetechniken, die sich direkt an die jüngeren Verbraucher richteten – wie etwa die hier abgebildete Stereoskop-Box.

Ein Stereoskop ist ein einfaches Gerät, das ein Paar voneinander getrennte Bilder, nämlich die rechte und die linke Ansicht desselben Bildes, zu einem einzigen dreidimensionalen Bild zusammenfügt. Stereoskope waren vor allem unter dem Markennamen „Viewmaster" bekannt. Sie erfreuten sich bei Kindern und Jugendlichen in den 1950er und 1960er Jahren großer Beliebtheit. Es war eine geniale Marketingidee von Harley-Davidson, das Produkt „Topper" mit diesem trendigen Format zu bewerben, um bei den jungen Menschen Bekanntheit zu erlangen. Das Stereoskop „Man About the World" von Harley-Davidson aus dem Jahre 1960 zeigte eine Strandszene und inszenierte den Motorroller Topper als trendiges Freizeitmobil.

Harley-Davidson nutzte auch andere relevante Werbemethoden, darunter Lifestyle-Marketing und vor allem prominente Fürsprecher. Frühe Zeitschriftenanzeigen für den Topper-Roller wurden werbewirksam mit dem bekannten Schauspieler Edd „Kookie" Byrnes aus der beliebten amerikanischen Fernseh-Detektivserie „77 Sunset Strip" besetzt. Eine damals besonders einprägsame Schlagzeile titelte *„Kookie, Kookie, Lend me Your Topper"* („Kookie, Kookie, Leih mir deinen Topper"), ein Wortspiel auf den damaligen Hit von Edd Byrnes und Connie Stevens *„Kookie, Kookie, Lend me Your Comb"* („Kookie, Kookie, leih mir deinen Kamm").

Wie bei vielen anderen Jugendtrends dieser Zeit ebbte die Welle der Begeisterung für den Motorroller ebenso schnell ab wie sie gekommen war. Trotz aller innovativen Werbemaßnahmen verkaufte Harley-Davidson den Topper-Motorroller nur mit mäßigem Erfolg, und so wurde die Produktion 1956 schließlich eingestellt. Es gab jedoch einen vollkommen unerwarteten Nebeneffekt dieses „Boom-and-Bust" Roller-Trends, der die Zukunft des Unternehmens maßgeblich beeinflussen sollte: Ein gewisser junger Mann namens William G. Davidson (Enkel von Willam A. Davidson, einem der vier Firmengründer) stieß zu Harley-Davidson. Heute ist er weithin bekannt unter dem Namen „Willie G.".

FOR PROFIT
FOR FUN

WILLIAM G. DAVIDSON

HARLEY-DAVIDSON APPOINTS THIRD GENERATION DAVIDSON DIRECTOR OF STYLING

The Harley-Davidson Motor Co. has appointed a new Director of Styling. He is William G. Davidson, 29, a grandson of Wm. A. Davidson, one of the founders of the Company, and the son of Wm. H. Davidson, the firm's president. As Director of Styling, Davidson will supervise the styling of all Harley-Davidson motorcycles, motor scooters, golf cars and accessories.

Davidson has had design experience with the Continental Division of the Ford Motor Co.; the Packaging Design Studio of Milprint Inc. in Milwaukee, Wisconsin; and, most recently, with the internationally famous design organization, Brooks Stevens Associates, also located in Milwaukee. He attended the University of Wisconsin in Madison and, later, the Art Center School in Los Angeles, California, graduating in 1957 with a Bachelor of Professional Arts degree.

Married and the father of two boys and a girl, Davidson is an avid motorcycle enthusiast and has been riding regularly since he was 16. He is a life member of the American Motorcycle Association, attends as many races as he can, and is an experienced enduro rider.

Members of the Lebanon Valley Motorcycle Club, Lebanon, Pa., once again participated in the annual March of Dimes Campaign. This is the third year in succession that the Club served by distributing dimes containers to business places throughout the city. This photo was taken by the local television station for use on local news shows and for March of Dimes publicity. Members shown, *left to right, front row*, are: Leon Burkholder, Pete Morris, Henrietta Steiner—club secretary and Richard Kohr. *Back row*, Bruce Steiner, Joseph White, Marion White—club treasurer and Richard Steiner—club vice president.

Shown in their classroom are the dealers and mechanics who attended the Harley-Davidson Service School from January 28 through February 9, 1963. They are:

First row, left to right—Forrest H. Melick, Newark, Ohio; Alton B. McGlocklin, Chattanooga, Tennessee; James A. Hollingsworth, St. Augustine, Florida; Harold C. Thomas, Jr., St. Augustine, Florida; and Arthur D. Bernheisel, Belmont, California.

Second row, left to right—George F. Shaffer, Greensboro, Maryland; Vern W. Fuller, Lincoln, Nebraska; James B. Johnson, Columbia, Missouri; Jack A. Moss, Boston, Massachusetts; and Edward A. Turner, Buffalo, New York.

Third row, left to right—Don D. Smith, Inglewood, California; Haldon H. Hartman, Douglas, Arizona; Charles F. Popovich, Alton, Illinois; Wendell A. Smith, Milwaukee, Wisconsin; and Elmer C. Chestelson, Cornell, Iowa.

Fourth row, left to right—Howard W. Belmont, St. Paul, Minnesota; David H. Warren, Jr., Roanoke, Virginia; Carl J. Hyson, Jr., West Bridgewater, Massachusetts; Robert A. Mauriello, Bloomfield, New Jersey; and Wayne E. Cook, Petersburg, Virginia.

Fifth row, left to right—Lesley Ford and Raymond Meinnert, both from Milwaukee, Wisconsin.

Standing in the rear are, left to right, instructors Richard C. Marshall, John Nowak, Robert Jameson, Sidney Soiney, George Klenzendorf and Albert Henrich, and Harley-Davidson's Service Manager Joseph Ryan.

Rider Hand Book

HARLEY-DAVIDSON

Motor Scooter

Es war zu Beginn der 1960er Jahre: Willie G., der gerade sein Studium am Art Center College of Design in Pasadena in Kalifornien abgeschlossen hatte, fand Arbeit als Junior Designer bei Brooks Stevens. Brooks Stevens Design war ein weltweit bekanntes und ausgezeichnetes Studio für Industriedesign, und dort gestaltete man von Haushaltsgeräten über Autos bis hin zu Personenzügen einfach alles. Als einer von fünf Designern war Willie G. der Abteilung „Fortbewegung und Produktdesign" zugeordnet und befasste sich mit dem Design unterschiedlichster Produkte wie Spielhallen, Außenbordmotoren und Motorrollern – die letzteren für Brooks Stevens größten Kunden, den Fahrzeugbauer Cushman. Eine Tages aß William G. Davidson gemeinsam mit seinem Vater William H. Davidson – damals Vorstandsvorsitzender des Unternehmens – zu Mittag, als die unbequeme Tatsache zur Sprache kam, dass der junge Davidson Produkte entwarf, die direkt mit denjenigen konkurrierten, die der ältere Davidson gerade als neue Produktlinie zu etablieren versuchte. Diese Diskussion führte aus naheliegenden Gründen dazuzu, Willie G. zu Harley-Davidson zu holen, um eine Styling-Abteilung aufzubauen (er leitete diese Abteilung dann übrigens für die gesamten neunundvierzig Jahre, die er offiziell für Harley-Davidson arbeitete).

Bevor Willie G. zu Harley-Davidson kam, war Design bei Harley-Davidson zumeist ein Nebenaspekt im Konstruktionsprozess. Gutes Design war, was gut funktionierte und einfach herzustellen war. Schönheit oder Formensprache waren absolut zweitrangig, wenn überhaupt relevant. Aber in dem Maße, wie sich während der Sechziger Jahre das Produktangebot mit Leichtkrafträdern, Motorrollern, Booten und sogar Golfwagen schnell ausweitete, wurde dem älteren Davidson immer stärker bewusst, dass Harley-Davidson eine eigene Designabteilung benötigte, wollte man wettbewerbsfähig bleiben. Und er war überzeugt davon, dass sein junger Sohn, der auf einer der weltweit besten Design-Schulen ausgebildet worden war und bei einem hochangesehenen Pioniere des Industriedesign arbeitete, der Richtige für diese Aufgabe war.

Willie G. trat offiziell 1963 in das Familienunternehmen ein, und seine Verwandten in den Führungspositionen machten keine Anstalten, ihn zu begünstigen: Sein erster Job bei Harley-Davidson war die Gestaltung der Innenräume für die Tomahawk-Boote, die das Unternehmen während der 60er Jahre produzierte. Fiberglas-Entwürfe, von Golfwagen-Karosserien bis hin zu Motorrad-Satteltaschen, waren Willie G.s Schwerpunkt während der ersten Jahre bei Harley-Davidson.

Es war nicht immer leicht für den jungen Willie G. Manche seiner frühen Vorschläge stießen auf die Vorbehalte der konservativen Top-Manager, die seine von der Custom-Kultur inspirierten Entwürfe als zu radikal und unpraktisch verwarfen, aber der Erfolg am Markt brachte ihm Anerkennung ein. Willie G. wurde 1969 zum Vizepräsidenten für Styling befördert. Unter seiner Federführung erhielten alle Harley-Davidson-Produkte eine einheitliche Designsprache.

Nach seiner offiziellen Pensionierung im Jahr 2012 übernahm Willie G. die Aufgabe des Chef-Stylisten als Emeritus. Er blieb nach wie vor das Gesicht des Unternehmens und wurde auch hier nie ohne seine Markenzeichen, Barett und Fliegerbrille, gesehen. Willie G. spielte über fünf Jahrzehnte lang eine Schlüsselrolle bei der Entwicklung neuer Trends in der Motorradindustrie. Auf sein Konto geht die „Erfindung" von Custom-Maschinen ab Werk: Er entwarf die FX Super Glide, die 1971 herauskam. Doch wer hätte gedacht, dass jemand von der Statur eines Willie G., der synonym ist mit Harley-Davidsons schweren, maskulinen, amerikanischen Motorrädern, sich seine ersten Sporen mit dem Design seilzuggestarteter Motorroller mit niedrigem Durchstieg verdiente?

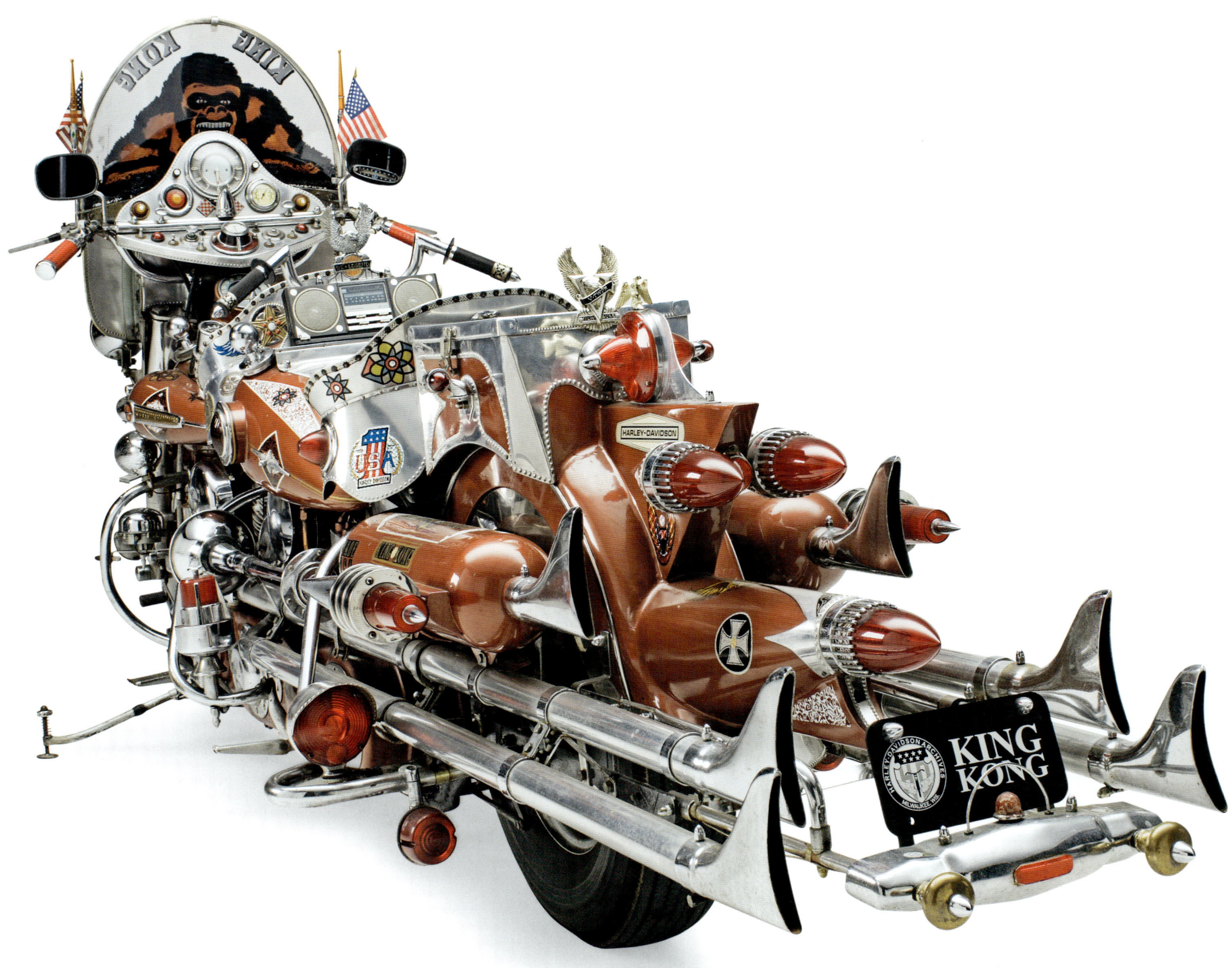
HARLEY-DAVIDSON
HARLEY-DAVIDSON ARCHIVES
MILWAUKEE WIS.
KING
KONG

Phone 662-J
Open 8 A.M. to 8 P.M.
FELIX'S
HARLEY-DAVIDSON SALES & SERVICE
We Buy and Sell New and Used
Motorcycles and Parts
FACTORY TRAINED MECHANIC
25 Years of Experience. All Work Guaranteed
523 Railroad Street
(OVER)
WINDBER, PA.

28

KING KONG

Custom-Bikes wurden Kult in den 1960er Jahren. Individualisierte Motorräder waren natürlich nichts vollkommen Neues – Motorradfahrer haben ihre Maschinen immer modifiziert – aber vor den Sechziger Jahren wurden die meisten Modifikationen vorgenommen, um Leistungsfähigkeit und Funktionalität zu steigern.

Aber während der Sechziger Jahre wurden Individualität, Selbstentfaltung und Ästhetik zu einer treibenden Kraft, wenn nicht gar zu der treibenden Kraft überhaupt. Die Custom-Kultur in Amerika war durch die sogenannte „kustom culture" solcher „Hot-Rod"-Schrauber wie Ed „Big Daddy" Roth und George Harris inspiriert und wurde von Künstlern wie Von Dutch und Robert Williams befeuert. Als die Chopper aufkamen, explodierte der Custom-Trend geradezu. Mit seinem geradezu ausufernden Styling – lange, flach angestellte Gabeln, übergroße Räder, überformte Karosserie, psychodelische Lackierung – war der Chopper die Antithese zum geschwindigkeitsoptimierten Bobber und veränderte die Idee des Custom-Bikes nachhaltig.

In Harley-Davidsons Museumssammlung gibt es zahlreiche Custom-Modelle zu bewundern; ihre Anmutung reicht von erhaben bis lächerlich, doch gibt es kein Modell, was derart ungeheuerlich ist wie diese exzessiv-übersteigerte zweimotorige Konstruktion mit dem Spitznamen „King Kong". King Kong wurde von Felix Predko gebaut, einem Harley-Davidson-Mechaniker und Amateurschmied aus Windber in Pennsylvania, der das Motorrad in Handarbeit nach seinem ganz persönlichen Geschmack zu einem Einzelstück technischen Kunsthandwerks machte.

King Kong wurde ursprünglich 1953 gebaut, erhielt aber in den nachfolgenden vier Jahrzehnten noch jede Menge Feinschliff. Bei diesem Motorrad verschmelzen zwei FL-Rahmen und zwei Knucklehead-Motoren zu einem einzigen, schweren, knapp 4 Meter langen Highway-Cruiser. Je länger man King Kong betrachtet und dabei auf solch ungewöhnliche Details wie den doppelten Lenker, die karikaturhaft verlängerten Kotflügel oder auch die Bord-Stereoanlage stößt, umso beeindruckender und zugleich unerklärlicher wird alles.

Predko entwickelte die Maschine ursprünglich als cleveren Werbeträger für seinen unabhängigen Laden „Felix's Harley-Davidson Sales and

Services". Er begann seine Laufbahn als werkszertifizierter Mechaniker bei einem Harley-Davidson Vertragshändler (Zepka Harley-Davidson), aber dort blieb er nicht lange. Predko war kein Mensch, der die Dinge nach Vorschrift erledigen wollte. Seine Ausbildungsakte von der Harley-Davidson Service-Schule (datiert auf das Jahr 1948 und ebenfalls im Museum ausgestellt) weist mehr als nur ein paar negative Kommentare auf. Ein unabhängiger Laden für Custom-Bikes passte einfach viel besser zu Felix Predko.

Predko betrachtete sich selbst als „Eisen-Künstler", und King Kong ist der visuelle Beweis sowohl seiner Phantasie als auch seines Einfallsreichtums als Mechaniker. Übertriebene Aluminiumverschalungen umhüllen King Kong vorne wie hinten, ergänzt mit den Rückleuchten eines 1959er Cadillac und ein Paar Tauchgastanks, um mit der darin enthaltenen Druckluft ein Trio von Güterbahnhupen versorgen und zum Leben erwecken zu können. Predko beschränkte seine Arbeit dabei nicht nur auf sein Motorrad. Er verschönerte auch sein Fahreroutfit – einschließlich seines Helms – mit handgefertigten Armbändern, Gürteln und Stiefelmanschetten, die allesamt mit seiner von Hand gestanzten Bordüre versehen sind.

Predkos Enkel, Brian diNinno, beschreibt den Stil seines Großvaters mit den Worten „je auffälliger, desto besser". Neben vielen anderen Accessoires von Predko zeigt das Museum auch eine Auswahl seiner Metallstanzen und seinen kleinen Hammer, mit dem er seine Kunstwerke schuf.

King Kong ist nicht das einzige herausragende Meisterstück rollenden Kunsthandwerks in der Museumsausstellung. Ein wenig weiter entfernt steht das Modell FLH „Rhinestone-Glide" aus dem Jahr 1973. Das über und über mit Strass-Steinchen besetzte Motorrad wurde von Chris Townsend in einer ganzen Reihe von „Therapiesitzungen" als Rekonvaleszenz nach einem Unfall gefertigt. Sie können Townsends Schöpfung schon aus kilometerweiter Entfernung sehen: Ein Motorrad, das mit zehntausenden roten, weißen und blauen Strass-Steinchen bedeckt ist, dazu noch ein paar Dutzend Meter „Trimbrite" Nadelstreifenband, ein paar Hundert Metallnieten und obenauf noch so viele Zubehör-Leuchten, dass man gut und gerne eine extra Lichtmaschine hätte installieren können! Neben der glitzernden Maschine wird eine Vielzahl von Perlen, Metallnieten und anderen Accessoires ausgestellt, darunter auch das Juwelier-Werkzeug, dem das Motorrad seine „funkelnde" Persönlichkeit verdankt.

KING KONG

Winston
Winston
Winston
Winston
Winston
Winston
Pro Series

DICK O'BRIEN (LINKS), JAY SPRINGSTEEN (ZWEITER VON LINKS) UND BILL WERNER (RECHTS) FEIERN EINEN DER 43 AMA-SIEGE, DIE SIE GEMEINSAM MIT DER XR-750 GEWANNEN.

29

XR-750

Harley-Davidsons KR-Maschinen, die 1952 auf den Markt kamen und mit einem Flathead-Motor bestückt waren, bewährten sich bis weit in die Sechziger Jahre hinein und gewannen viele nationale Meisterschaften. Auch mit ihrer veralteten Motorentechnologie blieben sie länger als andere Motoren relevant für den Motorsport. Seine überproportionalen Erfolge verdankte Harley-Davidson der sogenannten „Äquivalenzregel" des amerikanischen Motorradverbands AMA. Die Regel erlaubte es dem letzten amerikanischen Motorradfabrikanten Harley-Davidson, Flathead-Motoren mit einem Hubraumvorteil von bis zu 250 Kubikzentimeter zu nutzen, wohingegen die Overheadventil-Motoren auf 500 Kubikzentimeter beschränkt waren. Zu Ende der Sechziger Jahre aber wurde der Druck seitens britischer und japanischer Motorradhersteller (die die veraltete Flathead-Technologie längst zugunsten modernerer Motoren aufgegeben hatten) so groß, dass die AMA sich gezwungen sah, das Rennreglement für die Klasse C neu zu schreiben und die Regel zurückzunehmen, von der nach der Auffassung vieler Beobachter nur Harley-Davidson profitierte.

So führte die AMA im Jahr 1969 vereinfachte Rennregeln für das Klassement C ein und verabschiedete sich von der Äquivalenzregel. Die Hubraumgrenze wurde auf 750 Kubikzentimeter angehoben, unabhängig davon, wie die Ventile angeordnet oder wie viele Zylinder vorhanden waren. Das Spielfeld wurde eingeebnet. Nun musste Harley-Davidson ganz schnell ein neues Rennsportmotorrad entwickeln, denn die Zeit drängte.

Das neue Regelwerk hätte zu keinem ungünstigeren Zeitpunkt kommen können: Harley-Davidson war 1969 in großen finanziellen Schwierigkeiten und wurde zur Mitte desselben Jahres durch die AMF (American Machine Foundry) übernommen, ein Unternehmen, das vor allem als Anbieter für Bowling-Equipment bekannt war.

Die XRTT, eine Version der XR-750 für Strassenrennen, ausgestattet mit Vollverkleidung.

AMF hatte alle Hände voll damit zu tun, Arbeit und Produktion zu restrukturieren und das Letzte, worüber die Unternehmensführung nachdachte, war Motorrad-Rennsport auf der Flachbahn! Der Harley-Davidson-Rennstall brauchte einen neuen Helden, jemanden mit exakt der richtigen Prise Phantasie und Einfallsreichtum, um aus dem Nichts etwas Großes zu schaffen. Der Held hieß Dick O'Brien. O'Brien („OB" für seine Freunde) war wild entschlossen und ausgefuchst, und er wurde 1957 von Hank Syvertsen gebeten, die Rennabteilung zu übernehmen. Zuvor war O'Brien ein sehr erfolgreicher Rennfahrer in Orlando, Florida gewesen. O'Briens Anfangsjahre bei Harley-Davidson waren bereits durch große Erfolge gekennzeichnet. Trotz der starken Konkurrenz aus Großbritannien holten O'Brien und seine Crew während der Zeit von 1957 bis 1966 in neun von zehn Jahren die AMA-Meisterschaft. In den Jahren 1967 und 1968 hingegen gewann Triumph den Titel. Man erkannte die Zeichen der Zeit bei Harley-Davidson. Das neue Rennreglement besiegelte 1969 das Schicksal der KR. Die Motor Company brauchte dringend ein neues Rennmodell, und zwar auf günstigem Wege.

In der Harley-Davidson Rennwerkstatt in der Juneau Avenue fand O` Brien eine mögliche Lösung des Problems im Modell Sportster XLR, der Rennsportversion der Over-Head V-Twin-Sportster. Zuerst nahm er sich den XLR Ironhead V-Twin-Motor vor und modifizierte die Schwungräder; der Hubraum schrumpfte von 883 Kubikzentimetern auf regelkonforme 750 Kubikzentimeter. Außerdem wurde die Leistung durch geänderte Nocken gesteigert. Das hastig zusammen geschusterte Rennmotorrad wurde in ein modifiziertes Chassis der KR gesteckt und mit einer Verkleidung aus Fiberglas versehen: Fertig war die XR-750 – Harley-Davidsons neuer renntauglicher Pistenfeger.

Die XR-750 wurde der Öffentlichkeit im Februar 1970 im Astrodome von Houston nach nur vier Monaten Bauzeit präsentiert. Allem anschein nach war die XR-750 ein echter Reinfall. Der Ironhead-Motor war nicht nur langsam, er war auch extrem unzuverlässig und neigte bei längeren und zermürbenderen Fahrten überdies zur Überhitzung, was ihm den wenig schmeichelhaften Spitznamen „Waffeleisen" einbrachte.

HARLEY-DAVIDSON
XR
750
4
4

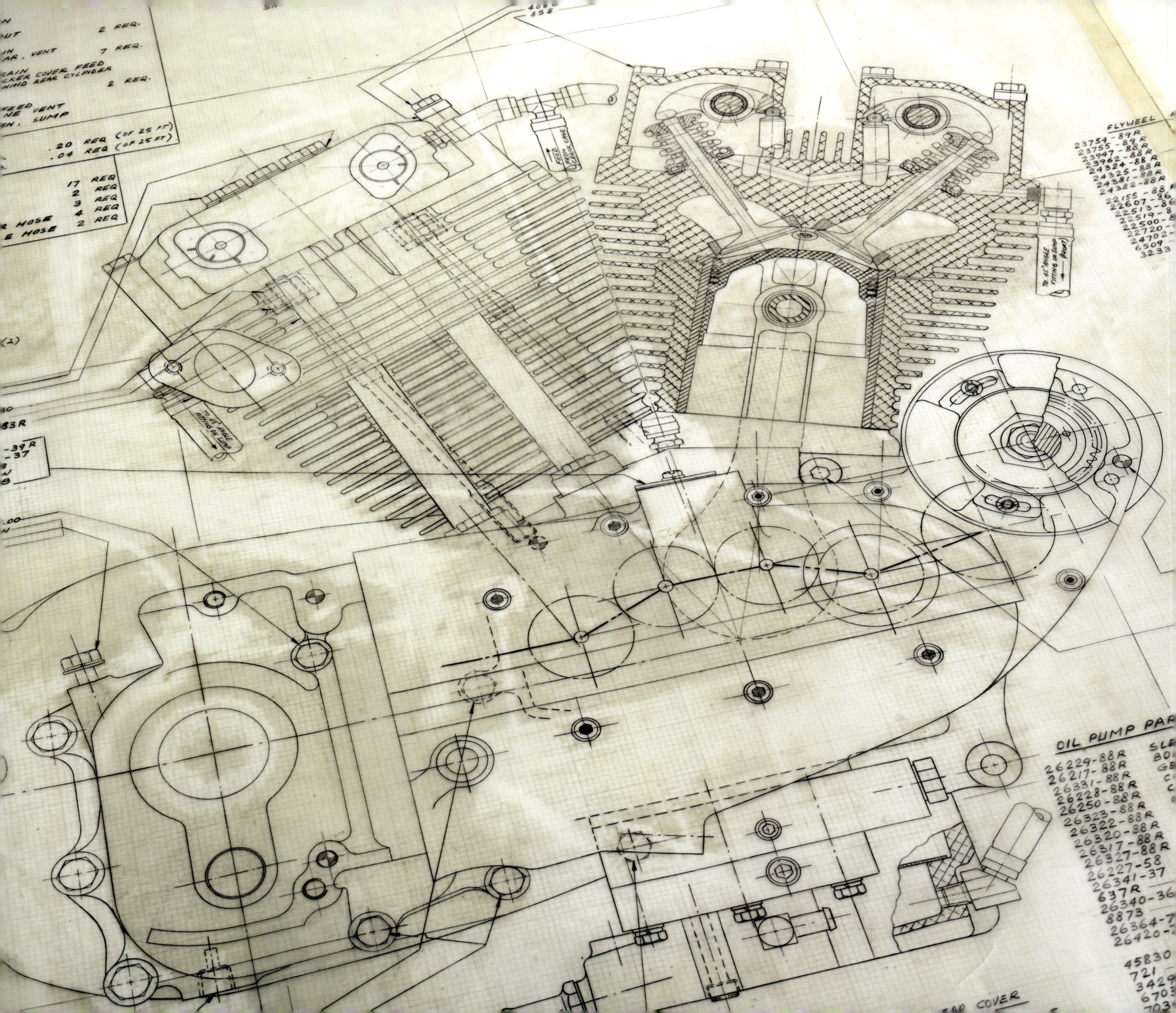

Beide Probleme ließen sich auf die veralteten gusseisernen Zylinderköpfe und -töpfe zurückführen, die beide sehr schnell sehr heiß wurden und nur sehr langsam wieder abkühlten. Die XR-750 gewann gerade einmal ein Rennen in diesem ersten Jahr – in Ascot mit dem Fahrer Mert Lawhill – aber die meisten Maschinen schmolzen einfach dahin und fielen wegen Überhitzung aus. Harley-Davidson baute den Vorschriften der Homologation entsprechend zweihundert Einheiten der XR-750, aber werksinterne Aufzeichnungen belegen, dass lediglich die Hälfte davon tatsächlich verkauft wurde. Die restlichen Modelle wurden entweder demontiert oder aber verschrottet.

Die Geschichte der XR-750 ist im Grunde die Geschichte gleich zweier Motorräder: Das erste Motorrad war die Iron XR, die genauso schnell vom Markt verschwand, wie sie gekommen war; das zweite Motorrad war die Alloy XR, die sich zu einer der vielleicht größten Rennsportmaschinen aller Zeiten entwickeln sollte. O'Brien schaffte es, der AMF ein kleines Entwicklungsbudget für die Rennsaison 1972 abzutrotzen, und er nutzte das Geld dafür, den Motor der XR-750 komplett umzukrempeln und mit leichteren und besser zu kühlenden Aluminiumzylindern sowie einem neuen Doppelvergaser auszustatten. Nun hatte die Maschine 80 PS und konnte mit den besten britischen Maschinen mithalten.

Der neue Motor wurde von Peter Zijlstra entworfen, einem jungen niederländischen Ingenieur mit internationaler Rennsporterfahrung, der 1969 zur Entwicklungsabteilung von Harley-Davidson stieß. Zijlstra entwickelte ein neues und leichtes Fahrgestell für den Aluminium-Motor und konnte so das Leergewicht des Motorrads auf ein beeindruckend geringes Gewicht von unter 300 Pound (ca. 136 kg) senken. Nach vielen, vielen Jahren hatte Harley-Davidson zum ersten Mal wieder eine wirklich brandaktuelle Rennplattform am Start.

Im Gegensatz zur enttäuschenden Iron XR konnte die Alloy XR von Beginn an punkten. Der Kalifornier Mark Brelsford gewann 1972 die AMA-Meisterschaft an Bord einer Harley-Davidson XR-750 und leitete mit diesem Sieg für das Unternehmen eine Ära beispielloser Dominanz im Straßenrennsport ein. Harley-Davidsons XR-750-Fahrer gewannen während der Zeit von 1972 bis 2015 von den vierundvierzig AMA-Meisterschaften insgesamt siebenunddreißig Titel. Das sind mehr Siege, als irgendein anderes Motorrad in der Geschichte der AMA je einfuhr, und höchstwahrscheinlich sogar mehr Siege als irgendein anderes Motorrad in der Geschichte des Motorsports überhaupt, und zwar unabhängig vom Rennklassement.

Von den vielen Fahrern der XR-750 stachen zwei besonders hervor: Jay Springsteen und Scott Parker. Beide fühlten sich in besonderer Weise mit diesem Motorrad verbunden. Springsteen gewann 1975 als Neuling den „Rookie of the Year"-Titel der AMA, bevor er ab 1976 dreimal in Folge den AMA Meistertitel holte, allesamt auf einem Harley-Davidson-Werksmotorrad. Springsteen, von seinen Fans „Springer" genannt, wurde in Flint in Michigan geboren. Er fuhr rekordverdächtige 398 AMA-Rennen und holte gemeinsam mit Harley-Davidsons Tuner Bill Werner 43 Siege. Es war eine der langlebigsten und erfolgreichsten Beziehungen im Rennsport.

Scott Parker, neunmaliger Gewinner der AMA Meisterschaft, hält den Allzeit-Rekord von 49 Siegen in Rennen der Grand National Championship Serie. Parker stammte ebenfalls aus Flint in Michigan, und er war mit siebzehn Jahren der jüngste Fahrer, der je ein Rennen der AMA Grand National Championship gewonnen hat. Parker gewann seine erste Meisterschaft 1988 und vier Jahre in Folge, womit er den bisherigen Rekord des Harley-Davidson-Fahrers Caroll Resweber einstellte. Parker gewann als erster Fahrer in der Geschichte des amerikanischen Motorsports fünf AMA-Meisterschaften hintereinander – ein Rekord, der möglicherweise nie überboten werden wird.

Harley-Davidson produzierte die XR-750 bis 1980, und mit diesem Jahr endet auch seine bemerkenswert lange Erfolgsgeschichte. Es gibt keine zuverlässigen Aufzeichnungen hierzu, und es ist davon auszugehen, das etliche XR-750 vom Werk absichtlich aus steuerlichen Gründen verschrottet wurden, aber es wurden wohl nur rund fünfhundert komplette XR-750 gebaut wurden. Nach dem letzten Fertigungslauf im Jahr 1980 wurde nur noch der XR-70 Motor zum Verkauf angeboten, der dann von den Kunden in einen Rahmen vom Ersatzteilmarkt eingebaut werden konnte.

Dick O'Briens Superflow 110 Flowbench: Viele siegreiche Motoren wurden auf diesem Prüfstand weiterentwickelt.

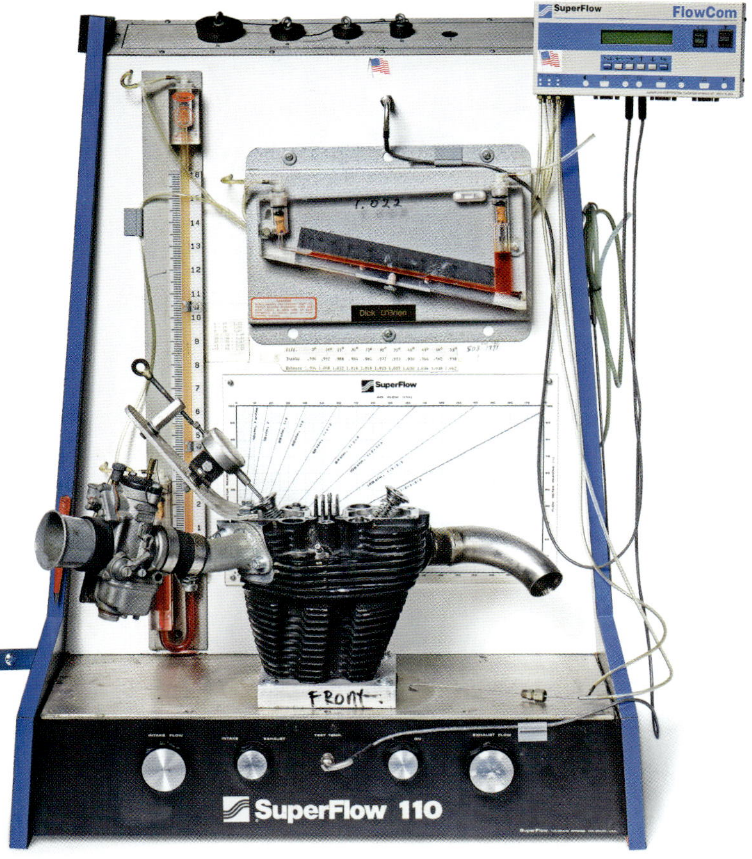

Harley-Davidson reagierte schwerfällig auf die Nachfrage nach einer Straßenversion der XR-750. Erst 1983 kam das Unternehmen mit der XR-1000 auf den Markt. Im Wesentlichen war die XR-1000 eine Art Sportster XL mit den Zylinderköpfen der XR-750, Doppelvergaser und renntypisch hochgesetztem Auspuff und wurde für fast den doppelten Preis einer Basisversion der Sportster XL. Es war daher nicht verwunderlich, dass sich die XR-1000 nicht gut verkaufte und nach nur zwei Jahren wieder vom Markt genommen wurde. Natürlich hat sie heute einen hohen Sammlerwert. Etwas erfolgreicher war die 2008 (oder 2009, wenn Sie in den Vereinigten Staaten leben) erschienene XR-1200; sie war vielseitiger einsetzbar und hatte überdies auch mehr Leistung anzubieten. Dank der Motorentechnik von Buell konnte die 90 PS starke XR-1200 sogar eine fünf Jahre lang ausgetragene besondere AMA-Rennserie mitbegründen.

Die Geschichte der Harley-Davidson XR-750 ist die Geschichte eines rein amerikanischen Motorrads, das gebaut wurde, um einen rein amerikanischen Sport zu dominieren. Es ist zweifellos das erfolgreichste Rennmotorrad, das je gebaut wurde, und prägte das Straßenrenngeschehen vierzig Jahre lang; auch heute noch ist sie bei Rennen erfolgreich.

XR-1000 von 1983.

AMF Harley-Davidson
AMF Harley-Davidson

30

WELTMEISTERSCHAFT FÜR STRASSENMOTORRÄDER

Im Jahr 1960 kaufte Harley-Davidson 50 Prozent der Motorradsparte des italienischen Luftfahrtkonzerns Aermacchi. Diese Entscheidung machte Sinn. Moderne leichte Motorräder aus Großbritannien, Europa und besonders aus Japan eroberten den amerikanischen Markt und brachten Harley-Davidson mit seinen alten Hummer-Motoren und anderen „Low-Tech"-Zweitaktmaschinen in große Bedrängnis. Der Deal mit Aermacchi ermöglichte es Harley-Davidson, das eigene Angebot in diesem Segment komplett durch modischere und funktionale Aermacchi-Motorräder zu ersetzen. Unter diesen Aermacchi-Modellen gab es einen beliebten Viertaktmotor mit einem Hubraum von wahlweise 250 oder 350 Kubikzentimetern, und genau dieser wurde in Harley-Davidsons „Sprint" eingebaut.

Das Engagement bei Aermacchi gab Harley-Davidson darüber hinaus die ungeahnte Möglichkeit, sich bei den Weltmeisterschaften für Straßenmotorräder auszeichnen zu können. Harley-Davidson war dem amerikanischen Rennsport bislang aufs Engste verbunden gewesen, hatte sich jedoch nicht weltweit engagiert. Die frühen Siebziger waren eine Zeit des tiefgreifenden Wandels im Motorradsport. Damals begannen die leichten und preisgünstigen Modelle von Yamaha (und anderen japanischen Motorradfirmen), den Markt aufzumischen. Aermacchi wollte sein Stück vom Kuchen, also entwickelte Chefingenieur William Soncini daraufhin die RR 250 und stattete sie mit einigen von der Yamaha NT entlehnten Motorbauteilen (um Entwicklungs- und Fertigungskosten zu sparen) aus. Bald hatte Harley-Davidson eine leichte, preisgünstige und darüber hinaus noch sehr schnelle Rennsport-Plattform.

Die RR-250 wurde 1971 vorgestellt, aber es dauerte bis 1972, ehe sie begann, ihr Potential unter Beweis zu stellen. In diesem Jahr gewann Harley-Davidson-Werksfahrer Renzo Pasolini drei Grand Prix (sowie die italienische Landesmeisterschaft); er wurde Weltmeisterschafts-Zweiter

in der 250er-Klasse und Dritter in der 350er-Klasse (letzteres auf einer aufgerüsteten RR-250). Die Hoffnungen auf einen Weltmeisterschaftstitel 1973 waren also hoch, als der Veteran Pasolini, damals führend in der Gesamtwertung der 250er-Klasse, und der Titelverteidiger Jarno Saarinen bei einem furchtbaren Unfall beim Rennen in Monza ums Leben kamen. Dieser Tag ist als „Schwarzer Sonntag" in die Rennsportgeschichte eingegangen.

Der italienische Rennfahrer Walter Villa wurde angeheuert, um die Rolle des Leaders für die kommende Saison 1974 zu übernehmen. Es war das gleiche Jahr, in dem Harley-Davidson die restlichen Anteile an Aermacchis Motorradsparte erwarb.

Im Winter 1973/74 machte der leitende Ingenieur bei Aermacchi, Dr. Sandro Colombo, große Fortschritte in der Weiterentwicklung der RR-250. Colombos wesentliche Verbesserung lag in der neuen Wasserkühlung, die es der ohnehin schon schnellen Maschine (die luftgekühlt 49 PS leistete) erlaubte, die langen Grand Prix-Renndistanzen gelassener zu absolvieren. Villa wusste diese Innovation am besten für sich zu nutzen und gewann im Frühjahr desselben Jahres den Grand Prix von Italien mit einem unglaublichen Vorsprung von vierundvierzig Sekunden auf seinen nächsten Verfolger. Wenn er nicht auf dem Motorrad saß, war Villa ruhig und sachlich, auf dem Fahrersitz aber war er nicht zu bremsen und holte während der gesamten Saison 1974 einen Sieg nach dem anderen: Er siegte in Brünn in der Tschechoslowakei, in Imatra in Finnland und auch in Assen in den Niederlanden. Eine solche Leistung reichte vollends aus, um die erste Grand Prix-Weltmeisterschaft für Harley-Davidson zu gewinnen und die vier Jahre lange Vorherrschaft von Yamaha zu brechen.

Est stellte sich heraus, dass dies der Anfang eines Laufs für Harley-Davidson war: Villa kehrte in der Saison 1975 zurück und holte bei fünf Rennrunden – in Italien, in Spanien, in Schweden, in Deutschland und in den Niederlanden – fünf Siege. Das war der zweite Gesamttitelgewinn der GP Meisterschaft. Villa wurde in der zeitgenössischen Presse als ungewöhnlicher Champion beschrieben: Er habe eine „kurze und klobige" Statur und sei „ausgesprochen jungenhaft" in seinem Auftreten. In einer Zeit von Rennsport-Playboys wie Giacomo Agostini, Johnny Cecotto oder Barry Sheene musste er einfach auffallen. War der Helm aber einmal aufgesetzt, konnte Villa niemand das Wasser reichen. Im Jahr 1976 gelang dem zurückhaltenden Rennfahrer aus Varese ein Kunststück, das nur wenigen Fahrern vergönnt ist: Er gewann in der 250-Kubikzentimeter-Klasse die Weltmeisterschaft (übrigens seine dritte in Folge) und im 350-Kubikzentimeter-Klassement ebenfalls. Villa war nun zweifacher Champion. Den Sieg bei der 250er-Meisterschaft holte er sich im tschechoslowakischen Brünn, am Wochenende darauf gewann er auf dem Nürburgring. Zum ersten Mal seit 1967gab es eine Doppel-Weltmeisterschaft zu feiern.

Harley-Davidson
CHAMPION

MOTOR
HARLEY-DAVIDSON
CYCLES
80

31

FXB STURGIS

Die besten Ideen entstehen oft aus einer einfachen Skizze. Der physische Vorgang des Zeichnens von Linien befeuert verschiedene neuronale Schaltkreise im Gehirn und ermöglicht es, vertraute Dinge aus einem ganz neuen Blickwinkel zu betrachten. Beim Skizzieren kann man seiner Phantasie freien Lauf lassen und seiner Kreativität Ausdruck verleihen. Das Anfertigen einer Skizze ist der schnellste Weg, eine Idee aus dem Kopf und vor die Augen zu bekommen: Jetzt erst kann man das Innovations- und Verbesserungspotenzial wirklich erkennen.

Harley-Davidsons Chef-Stylist Willie G. Davidson wusste sehr genau um die Bedeutung einer guten Skizze für den kreativen Prozess. Er arbeitete die Feinheiten seiner Entwürfe oftmals mit einem Stift aus und nahm, was gerade zum Bekritzeln da war, und sei es wie in diesem Fall es eine alltägliche braune Papiertüte. Es war 1979, und Willi G. fuhr gerade auf einem Prototypen mit Riemenantrieb von der jährlichen Sturgis Rallye – einem gigantischen Motorrad-Treffen – in Süd-Dakota zurück nach Milwaukee, als ihm eine Idee kam, die er unbedingt festhalten wollte. Er hielt an und schrieb kurz ein paar Stichwörter auf eine Papiertüte: „Drag-Lenkrad"; „verlängerte Gabeln"; „ein schnittiger Zwei-in-Eins-Auspuff"; „Magnesium-Räder" und „Zusatzfußrasten an Rahmen oder Sturzbügel". Seine Ideen führten schließlich zur Sturgis FXB des Jahres 1980, einem Motorrad in limitierter Auflage mit einem der ikonischsten und einflussreichsten Designs der modernen Ära.

Willie G. hatte seine besten Eingebungen stets außerhalb der Wände des Designstudios, häufig sogar auf offener Straße. Sein erstes wirklich bahnbrechendes Design, die FX Super Glide von 1971, wurde stark von den individualisierten Chopper-Modellen beeinflusst, die er auf den Straßen Südkaliforniens sah. Seine Super Glide war eine Kombination des großen Twin-Chassis und des Shovelhead-Motors mit dem schmaleren Front-End der Sportster.

Willie G.s Notizen zum Modell Sturgis, von Hand auf einer braunen Papiertüte geschrieben.

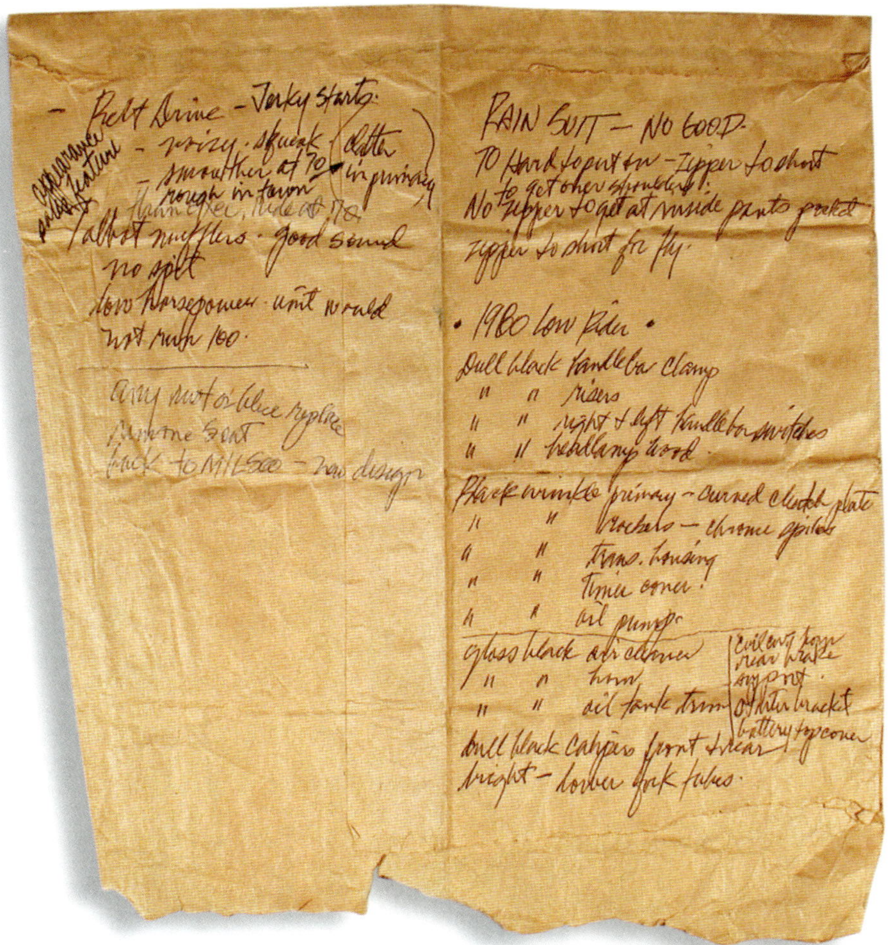

– Belt Drive – Jerky starts.
– noisy · squeak (clatter in primary)
– smoother at 70
rough in town
Talbot mufflers · good sound
no spit
low horsepower · unit would not run 100.

RAIN SUIT – NO GOOD.
TO Hard to put on – Zipper to short to get over shoulders.
No zipper to get at inside pants pocket
zipper to short for fly.

• 1980 Low Rider •
Dull black handlebar clamp
" " risers
" " right & left handlebar switches
" " headlamp hood.
Black wrinkle primary – curved clutch plate
" " rockers
" " trans. housing
" " timer cover.
" " oil pump.
Gloss black air cleaner
" " horn
" " oil tank trim
Dull black calipers front & rear
bright – lower fork tubes.
battery top cover

Kontaktabzüge mit Werbephotos zur Markteinführung des FX Super Glide Modells in 1971

Harley-Davidson steckte das Ganze in eine Fiberglas-Verkleidung mit einem sich verjüngendem Heck („boat-tail") und versah es mit einer „Sparkling America"-Lackierung, die an den „Captain America"-Chopper aus dem Film „Easy Rider" erinnerte. Willie G. entwickelte daraufhin das Konzept der Custom-Modelle ab Werk, die die Design-Philosophie von Harley-Davidson auch heute noch – fünfzig Jahres später – prägen.

Die Super Glide stellte ein erhebliches Risiko für Harley-Davidson dar. In den Sechziger Jahren wandte sich das Unternehmen von den Outlaw-Motorradclubs und den Chopper-Modellen, die diese Trendsetter bevorzugten, ab und fokussierte sich auf vollverkleidete Touren-Maschinen und blitzblanke leichte Motorräder, die zu den respektablen, aufrechten und gesetzestreuen Bürgern passten. Das Erscheinen der Super Glide – und der damit verbundenen stillschweigenden Anerkennung der Chopper-Kultur, die das Design der Super Glide erst möglich gemacht hatte – war ein echter Paradigmenwechsel für das konservative Unternehmen Harley-Davidson. Das Modell verkaufte sich zum Glück sehr gut, obwohl etliche Kunden das unhandliche „Boots-Heck" sofort gegen einen Sportster-Kotflügel austauschten. Die Super Glide erschloss Harley-Davidson den Zugang zur Jugendkultur, und das war dringend vonnöten, wenn das Unternehmen dauerhaft überleben und Bestand haben wollte.

HARLEY-DAVIDSON PROUDLY INTRODUCES A

THE LOW RIDER. YOU DON'T GET ON IT. YOU GET IN IT.

Those who take on this one, have to be pure biker.

They'll get in the lowest Harley-Davidson motorcycle there's ever been. With a ground to seat height fully two inches lower than the lowest of the Super Bikes, our own Super Glide. They'll have beneath them a bull of a hybrid: With extended forks and drag style handlebars with 3½″ risers above [illegible] front end, 1200 cc's of pure Super Glide power, and needless to say, the famous Harley-Davidson sound of thunder rumbling through a tunnel.

They'll have twin, fat bob gas tanks surrounding the tach and speedometer that's mounted between them on the console. Dual front disc brakes.

And for looks, black wrinkle crankcases, black cylinders and heads with polished fins and silver finished fork sliders, with custom clutch cover and fender supports.

There will be just one color (silver), and the fat bob gas tanks will be honored by a 1930-style Harley-Davidson decal.

As you can see, this is one motorcycle the town librarian won't take to the church social.

Other than offering that generality, we refuse to speculate,

Help keep insurance costs down. Lock your bike.

We believe in safety first. Before you start out, light your lights, put on your he

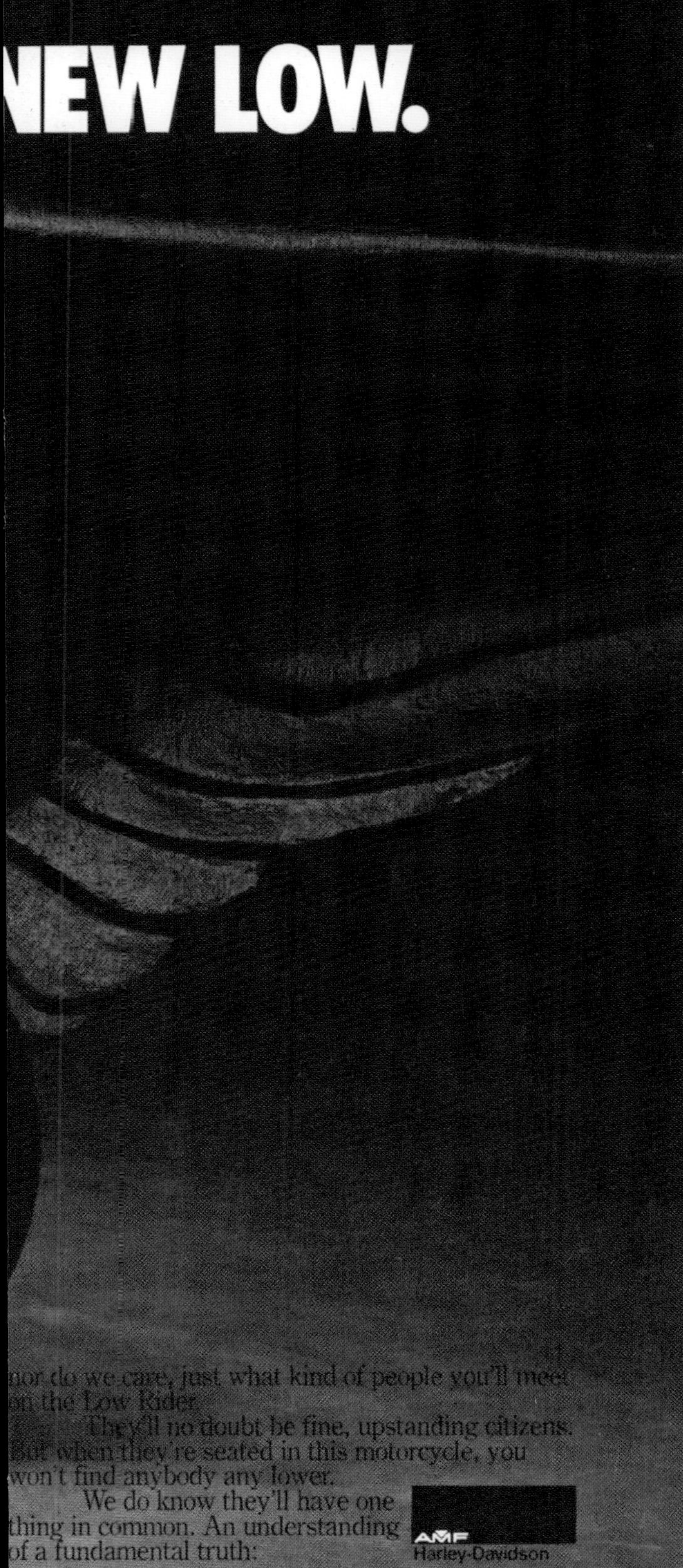

Willie Gs nächster Meilenstein war die FXS Low Rider, eine im Wesentlichen abgesenkte und gestreckte Super Glide, die 1977 der Öffentlichkeit vorgestellt wurde. Inspiriert durch Custom-Trends, hatte das so treffend benannte Modell Low Rider einen Sitz, der nur knapp 70 cm über dem Bürgersteig lag. Das niedrige und gestreckte Profil sieht heute noch ebenso revolutionär aus wie damals. Die eben erwähnte Sturgis war eine Low Rider-Variante, genauso wie die erste Wide Glide von 1980, das mit „Apehanger"-Lenker, abgestuftem Sitz, versetzten Doppelrohren und Lackierung in Flammenoptik für einen wilden Chopper-Look ab Werk daherkam. Es waren die Motorräder, die den Takt für die nun kommenden drei Jahrzehnte vorgeben sollten.

Obwohl einige Kritiker monieren, dass Harley-Davidson unter der Eigentümerschaft von AMF in den Siebziger Jahren seinen Kurs verloren hatte, verweisen doch einige bahnbrechende Motorräder aus jener Zeit auf eine andere Sachlage. Willie G.s unerschütterliche Stilsicherheit und seine geradezu unheimliche Befähigung, etwas aus dem Nichts zu erschaffen, indem er die vorhandenen Komponenten immer wieder neu kombinierte, hielten Harley-Davidson während dieser schweren Zeit über Wasser. Jedes seiner Modelle zog immer mehr neue Kunden an und vergrößerte den Marktanteil von Harley-Davidson. Noch bedeutsamer aber ist, dass solche ikonischen und trendbewussten Modelle die Zukunft der gesamten Motorradindustrie prägten. Harley-Davidsons Dyna-Serie aus dem Jahr 1991 kann direkt auf den Low Rider zurück geführt werden, ebenso wie viele japanische (und europäische) Cruiser-Plattformen, die im Prinzip zu großen Teilen Raubkopien der Harley-Davidson-Designs sind. Wieder einmal war Harley-Davidson das Unternehmen, dem alle anderen Motorradhersteller nacheiferten.

HARLEY-DAVIDSON MOTOR CO.
YORK, PA., U.S.A.

32

RAKETENANTRIEB FÜR DROHNEN

Sie sehen hier das wohl überraschendste (oder bemerkenswerteste, verblüffendste und ungewöhnlichste) Objekt in der ganzen Museumsausstellung. Jeder hätte ein Motorrad, ein reversibles Trike oder ein Schneemobil, ein Schnellboot oder auch einen Golfwagen erwartet – aber einen Raketenantrieb von Harley-Davidson? Wirklich?

Ja, Harley-Davidson hat tatsächlich einen Raketenantrieb gebaut, genauer gesagt, das Unternehmen hat seit den 1960er Jahren über einen Zeitraum von etwa dreißig Jahren mehr als fünftausend Raketentriebwerke produziert. Diese Motoren waren der Antrieb für Marinedrohnen. Ursprünglich wurden sie von der aus Kalifornien stammenden Firma Rocketdyne in Canoga Park entwickelt. Harley-Davidson produzierte das LR-64-Triebwerk in seinem Werk in York, um die AQM-37-Jayhawk Überschall-Drohnen damit zu bestücken, die speziell zur Simulation von eingeflogenen ICBMs (Intercontinental Ballistic Missiles – interkontinentale ballistische Raketen) als Zieldrohnen für die Abschussübungen der US-Marine eingesetzt wurden. Der LR-64-Raketenmotor hatte die Maße von ca. 53 x 25 x 12 cm und wurde vom amerikanischen Militär dazu verwendet, verschiedene Raketenangriffe zu simulieren. Manche dieser Drohnen waren sogar mit zweistufigen Fallschirmen ausgestattet, damit sie – für den Fall, dass sie nicht abgeschossen wurden – geborgen und nach den Militärübungen wiederverwendet werden konnten.

Jedes dieser kompakten Raketentriebwerke wurde in einen knapp 4,30 Meter langen Rumpf mit einer Spannweite von knapp 1,02 Meter montiert, und das ganze Ensemble wog gut 280 Kilogramm. Die Raketentriebwerke nutzten speicherbaren Flüssigtreibstoff, sodass sie den Vorteil hatten, vor ihrem Einsatz nicht noch erst betankt werden zu müssen. Die Nachteile von Flüssigtreibstoff liegen darin, dass er hochgiftig und korrosiv ist, ganz zu schweigen davon, dass er überdies hoch entzündlich reagiert, wenn man ihn mit anderen Stoffen mischt. Die langfristige Lagerung solcher Raketen ist also durchaus problematisch. Harley-Davidson unterhielt seit den frühen Tagen des Unternehmens Geschäftsbeziehungen mit dem amerikanischen Militär, und mehrfach haben Regierungsaufträge das Überleben der Motor Company in schwierigen Zeiten gesichert. Vielleicht werden wir in einigen Jahren, wenn bestimmte Dokumente nicht mehr der Geheimhaltung obliegen, erfahren, an welchen militärischen Programmen Harley Davidson bis heute – wenn überhaupt – beteiligt ist.

33

PROJEKT NOVA

Was wäre wenn?

Halten Sie kurz inne und überlegen Sie einmal: Was wäre gewesen, wenn Harley-Davidson – ein Unternehmen, das überwiegend mit Nostalgie, Traditionsbewusstsein und Überlieferung verbunden wird – stattdessen irgendwann einmal die Moderne verinnerlicht hätte? Es ist schwer zu sagen, wie die Geschichte Harley-Davidsons verlaufen wäre, wenn das Management an irgendeinen Punkt entschieden hätte, die alten Zöpfe abzuschneiden und der unbekannten Zukunft unerschrocken ins Gesicht zu blicken. Das im Jahr 1976 begonnene und in Vergessenheit geratene Projekt Nova könnte auf die obengenannte Frage eine mögliche Antwort geben, zumindest aber erlaubt es einen faszinierenden Blick in ein anderes Universum, in dem Harley-Davidson Technologieführer wäre. Betrachten Sie dieses Kapitel bitte als einen nicht eingeschlagenen Weg...

Lassen Sie uns mit einem anderen Hersteller anfangen: Hondas V-45 Sabre versetzte mit seiner Erscheinung im Jahr 1982 die Motorradindustrie in Erstaunen. Das futuristische Motorrad wurde durch einen verwirrend komplexen, flüssigkeitsgekühlten V-4 Motor angetrieben und bestätigte den Ruf des japanischen Unternehmens, technisch führend zu sein. Was, wenn wir Ihnen sagen, dass Harley-Davidson ein technisch noch weiter ausgefeiltes Motorrad entwickelt und gebaut hatte, das ein volles Jahr vor Hondas Sabre präsentationsreif war?

Dieses Motorrad war der Nova-Prototyp. Das Motorrad wurde einige Jahre vor der revolutionären Honda Sabre entwickelt und war in vielerlei Hinsicht innovativer als dieses. Das Projekt Nova war eines der kühnsten Unterfangen in der gesamten Firmengeschichte Harley-Davidsons.

Der Nova-Prototyp wurde in Zusammenarbeit mit dem Automobilhersteller Porsche entwickelt. Er hatte einen wassergekühlten V-4 Motor und zwei obenliegende Nockenwellen und kam auf eine Leistung von

beachtlichen 135 PS. Harley-Davidson plante zunächst mehrere Versionen des „modularen" Nova-Motors, darunter eine 500-Kubikzentimeter V-Twin-Maschine, einen 1000-Kubikzentimeter Vierzylindermotor und eine Sechszylindermaschine mit 1500 Kubikzentimeter, aber der Budgetzwang führte dazu, dass man sich ausschließlich auf den V-4 Motor konzentrierte. Porsche war zuständig für die Motor- und Getriebeentwicklung, Harley-Davidson kümmerte sich um den gesamten Rest.

Das Chassis nahm Kühler wie Treibstofftank unterhalb des Sitzes auf und einige Versionen waren sogar mit einer an der Felge montierten Bremse ausgestattet, die dem Null-Torsionslast-Bremssystem (ZTL) von Buell um zwei Jahrzehnte zuvorkam. Die innovative und attraktive Nova wurde speziell für die europäischen und japanischen Motorradfans konzipiert und hätte sicher – wäre sie denn produziert worden – die Wahrnehmung der Firma Harley-Davidson grundlegend zu einer aggressiven und kühnen Marke verschoben. Leider beendete Harley-Davidson das Projekt Nova zu Beginn des Jahres 1981, ehe auch nur eine einzige Maschine für den Markt produziert worden war.

Das Projekt wurde nicht ausgesetzt, weil der Nova-Prototyp ein schlechtes Motorrad gewesen wäre: Harley-Davidson hatte alle Validierungstests abgeschlossen und eine Summe ausgegeben, die heute 44 Millionen Dollar entspräche. Es wurden mehr als zwei Dutzend funktionsfähige Nova-Motoren und ein Dutzend Nova-Prototypen gefertigt. 2.000 Stunden auf dem Prüfstand und im Windkanal, sowie zusätzlich noch gut 100.000 Meilen (160.000 km) auf der Straße wurden investiert.

Vaughn Beals, damals Vizepräsident und designierter Verwaltungsratsvorsitzender und CEO des Unternehmens, war ein großer Fan des Nova-Modells und lobte Handling und Leistungsfähigkeit in höchsten Tönen. Doch fiel das Projekt Nova schließlich dem Umstand zum Opfer, dass mit dem Ende der AMF-Ära die finanzielle Situation äußerst unsicher war und zur selben Zeit mit dem Evolution-Motor eine neue Maschine erschien, die den Grundstein für mehr als drei Jahrzehnte lang andauernde Verkaufserfolge legen sollte.

Das Projekt Nova wurde ursprünglich während einer Klausur des leitenden Managements in Pinehurst, North Carolina, konzipiert. Die Firmenüberlieferung Harley-Davidsons spricht vom „Pinehurst Meeting".
Das Ergebnis dieses einwöchigen Brainstormings war eine zweigleisige Produktstrategie, bei der sowohl das Design des bereits vorhandenen Shovelhead-Motors überarbeitet werden sollte – ein Projekt, das schließlich den neuen Evo-Motor hervorbringen und die vorhandene Produktlinie erweitern sollte – sowie auch eine neue Produktline auf Grundlage der Nova, die die Fahrer ansprechen sollte, die sich eine aktuellere Performance wünschten. Harley-Davidson wollte sowohl Tradition und Modernismus vereinen, um ein bislang unbesetztes Segment auf dem amerikanischen Markt auszufüllen und international mehr Ansehen zu gewinnen.

Selbst mit der Unterstützung von Porsche waren die Engineering-Ressourcen bei Harley-Davidson bis aufs Äußerste beansprucht, denn beide Projekte schritten zeitgleich voran. Allein die Aufgabe, die Evo-Maschine sowohl in einer Sportster- als auch in einer Big Twin-Variante zu entwickeln, war gewaltig. Zeitgleich wurde mit der Entwicklung der Nova die technische Kapazität der Motor Company überlastet. Die Unternehmensführung sah sich gezwungen, den Weg des geringsten Widerstands zu gehen und das Projekt Nova zugunsten der Weiterentwicklung des Evo Motors einzustellen. Der Rest ist, wie man so schön sagt, Geschichte.

Das Projekt Nova war dennoch keinesfalls bloße Ressourcenverschwendung, denn die Nova-DNA wurde in mehrere zukünftige Serienmodelle eingespeist. Die Nova-Verkleidung mit ihren markanten Lufteinlässen auf beiden Seiten wurde beispielsweise nahezu unverändert auf die FXRT Touring aus dem Jahr 1983 übertragen. Das Gleiche gilt für die

Ein aus dem Projekt Nova stammender Straßenrennen-Prototyp, der bereits auf das Supermotorrad VR 1000 Super Bike aus dem Jahr 1994 verweist.

Harley-Davidson

Der letzte Prototyp aus dem Projekt Nova (rechts). Die FXRT von 1983. Beachten Sie die vielen Gemeinsamkeiten – und die vielen Unterschiede (links).

unverwechselbaren Satteltaschen in Parallelogramm-Form, deren Grundform bis heute bei vielen Harley-Davidson Modellen beibehalten worden ist. Die Zusammenarbeit mit Porsche wurde einige Jahre später wieder aufgenommen, um den Antriebsstrang der wassergekühlten VRSC V-Rod zu entwickeln, die 2001 in Produktion ging.

Es gibt keinen Zweifel daran, dass Harley-Davidson mit einem High-Tech Vierzylinder-Motor in der Lage gewesen wäre, Honda zu schlagen und eine richtungsweisende Entwicklung vorzugeben, aber das Unternehmen konnte die Kosten für einen solchen Schachzug einfach nicht aufbringen. Die schrittweise Weiterentwicklung der vertrauten, luftgekühlten V-Twin Plattform hin zum Evolution-Motor war der realistischere Weg nach vorne, insbesondere wenn man den massiven wirtschaftlichen Druck auf die Motor Company zu Ende der AMF-Ära bedenkt. Es musste also so kommen wie es kam, und die Ergebnisse sprechen für sich.

Und dennoch: Was wäre gewesen, wenn?

TRANSFER-OF-OWNERSHIP
CEREMONIAL PEN
JUNE 16, 1981

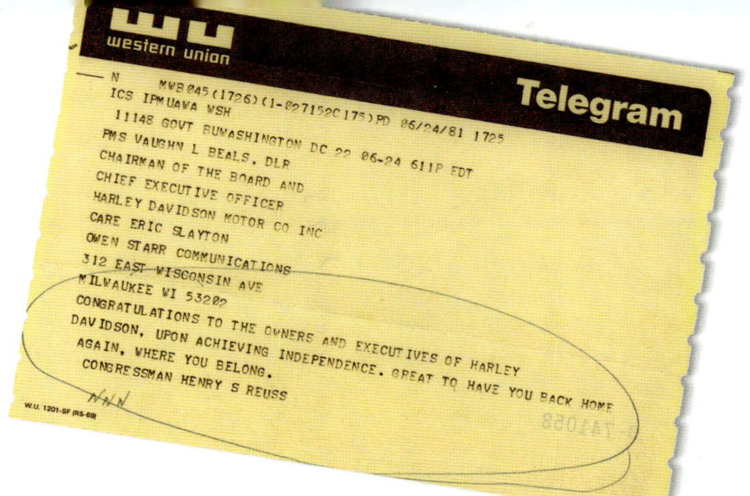

western union

Telegram

N MWB045(1726)(1-027152C175)PD 06/24/81 1725
ICS IPMUAWA WSH
11148 GOVT BUWASHINGTON DC 22 06-24 611P EDT
PMS VAUGHN L BEALS, DLR
CHAIRMAN OF THE BOARD AND
CHIEF EXECUTIVE OFFICER
HARLEY DAVIDSON MOTOR CO INC
CARE ERIC SLAYTON
OWEN STARR COMMUNICATIONS
312 EAST WISCONSIN AVE
MILWAUKEE WI 53202
CONGRATULATIONS TO THE OWNERS AND EXECUTIVES OF HARLEY
DAVIDSON, UPON ACHIEVING INDEPENDENCE. GREAT TO HAVE YOU BACK HOME
AGAIN, WHERE YOU BELONG.
CONGRESSMAN HENRY S REUSS

W.U. 1201-SF (R5-69)

34

DER RÜCKKAUF

Sie werden sich zu Recht fragen, warum im Harley-Davidson-Museum ein Stift – genauer: ein Filzschreiber der Marke Paper Mate – ausgestellt wird. Was in aller Welt hat dieser Filzschreiber mit dem größten amerikanischen Motorradunternehmen zu tun? Ob Sie es glauben oder nicht, dieser simple Filzschreiber ist eines der wichtigsten Ausstellungsstücke der gesamten Museumskollektion (Nein, es ist nicht der Zeichenstift von Willie G.!). Dies ist der Stift, mit dem die Dokumente zur formellen Eigentumsübertragung am 16. Juni 1981 unterschrieben wurden. Mitarbeiter von Harley-Davidson kauften die Motor Company von AMF zurück – ein entscheidender Vorgang in der Firmengeschichte, und es war der Moment, der Harley-Davidson wahrscheinlich vor der Bedeutungslosigkeit bewahrt hat.

Wenn man die volle Tragweite dieses Geschehens verstehen will, muss man zunächst ein paar Jahre in der Geschichte des Unternehmens zurückgehen und nachvollziehen, wie Harley-Davidson überhaupt in den Besitz der American Machine Foundry AMF – damals vor allem bekannt als Fabrikant von Bowlingkugeln – kam. Die Sechziger Jahre waren für Harley-Davidson eine extrem schwierige Zeit: Das Unternehmen sah sich rapide wechselnden Marktverhältnissen und immer stärker werdenden Wettbewerbern aus Japan ausgesetzt, die einen nicht abreißen wollenden Strom erschwinglicher und aufregender Motorräder produzierten. Harley-Davidson entschied sich deshalb 1965 für den Börsengang und finanzierte die Ausweitung der Geschäftstätigkeit in Milwaukee und Italien (Aermacchi) aus den Mitteln der ersten Kapitalerhöhung. Die Schwierigkeiten hielten leider an, und der Streubesitz von Harley-Davidson-Aktien machte das Unternehmen zu einem möglichen Übernahmekandidat für eine größere Unternehmensgruppe – ein Szenario, das der Unternehmensleitung Angst und Schrecken einjagte!

Auch wenn Harley-Davidson zu Ende des Jahrzehnts sogar Geld erwirtschaftete, war der Umsatz auf den niedrigsten Stand seit der großen Wirtschaftskrise gesunken. Es wurde für ein familiengeführtes Unternehmen mit nur einem Produkt – wie Harley-Davidson – immer schwerer, im Wettbewerb zu überleben. Wie die Unternehmensleitung es bereits

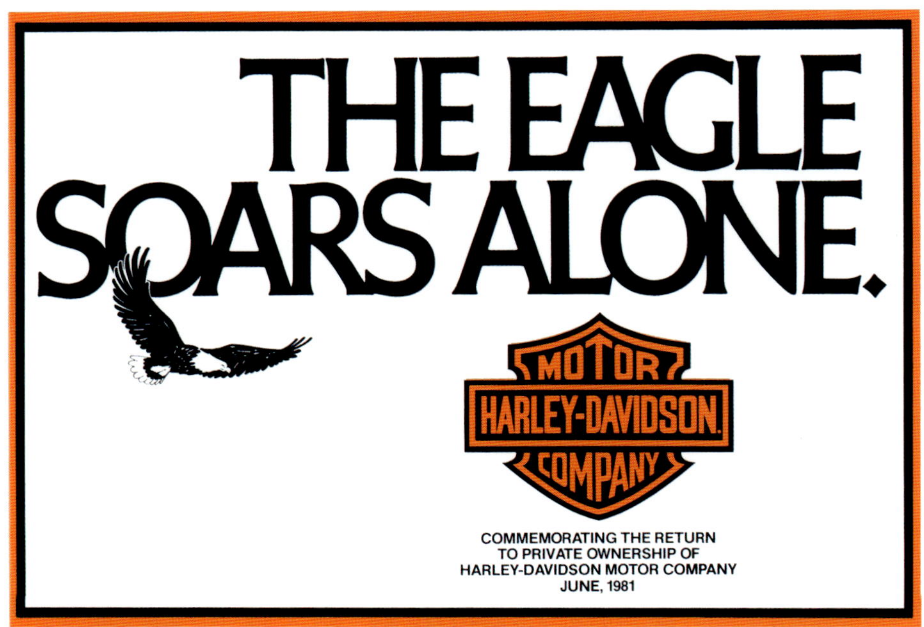

zuvor befürchtet hatte, sah sich Harley-Davidson bald darauf einem feindlichen Übernahmeversuch seitens der amerikanischen Unternehmensgruppe Bangor Punta ausgesetzt.

Um sich vor dieser feindlichen Übernahme zu schützen, führte die Unternehmensleitung von Harley-Davidson Gespräche mit American Machine Foundry AMF, einem großen Unternehmen für Freizeitausrüstung, das sich um die Gewinnung neuer Sparten bemühte. Im Januar des Jahres 1969 fusionierte Harley-Davidson mit AMF.

Die Fusion mit AMF war für Harley-Davidson zweischneidig. Es gab hohe Investitionen in Produktionsanlagen und Organisation sowie Forschung und Entwicklung, die zu verbesserten Produktionsweisen und größerer Produktvielfalt führten und es dem Unternehmen ermöglichten, wettbewerbsfähig zu bleiben. Zur gleichen Zeit aber häuften sich schwerwiegende Qualitätsprobleme. Nach verbreiteter Auffassung war die Zeit unter dem Dach von AMF eine der dunkelsten Phasen in der Firmengeschichte. Doch das wird der Wirklichkeit nicht gerecht, die sowohl von großen Erfolgen wie von eklatanten Fehleinschätzungen geprägt war.

Die ersten Jahre nach der Fusion waren „business as usual", bis AMF 1971 die Produktion in eine gut 37.000 Quadratmeter große Anlage in York, Pennsylvania, verlagerte. Die Yorker Fabrik begann sogleich mit der Produktion von Rahmen für das Sportster Modell (für das kommende Modelljahr 1972) und startete 1973 mit der kompletten Motorradmontage. Die Fabrik in York war viel moderner als die alte und überholte Produktionsstätte im heimischen Milwaukee, doch Fans und Mitarbeiter beklagten gleichermaßen den Wegzug aus Milwaukee.

Im Werk in York wurde ein drei Meilen langes Überkopfförderband installiert, das in verschiedene Zulaufstrecken unterteilt war, so dass die verschiedenen Produktionsabteilungen des gesamten Komplexes angeschlossen waren. Das neue Werk war so effizient, dass alle neunzig Sekunden ein komplettes Motorrad vom Fertigungsband rollte. Die Produktion stieg stark an, aber die Qualität litt darunter und bald bedeuteten mehr Motorräder nur mehr Probleme. Als die Vereinigten Staaten Mitte der Siebziger Jahre in eine Rezession gerieten, verschlechterte sich die Situation noch mehr. AMF flutete den Markt mit Motorrädern, weil man immer abhängiger von den Erlösen Harley-

MOTOR
LEY-DAVIDSON
COMPANY

MOTOR
HARLEY-DAVIDSON
COMPANY
THE FIRST MOTORCYCLE PRODUCED
FOLLOWING THE RETURN TO
PRIVATE OWNERSHIP
OF
Harley - Davidson Motor Company

Davidsons geworden war: Die eigenen Unternehmensbereiche litten selbst unter schleppenden Geschäften.

Die Unternehmensführung bei Harley-Davidson entfremdete sich immer mehr von den Entscheidungsträgern bei AMF, die wenig persönliches Herzblut in das Motorradgeschäft investiert hatten. *„Die Botschaft lautete ‚Maximieren Sie die Verkäufe, wir brauchen Umsatz'"* erinnerte sich John Davidson, der während der Zeit von 1973 bis 1978 als Präsident und bis 1981 als Verwaltungsratsvorsitzender tätig war. *„Das erhöhte den Druck, die Motorräder irgendwie vom Hof zu bekommen. Wir verschifften tatsächlich Motorräder mit fehlenden Komponenten und baten unsere Händler, diese Motorräder fertig zu stellen. In meinen Augen waren die Händler, Gott segne sie, der Schlüssel dafür, dass in dieser schwierigen Zeit nicht alles auseinander fiel."*

Es war unvermeidlich, dass die Beziehungen zwischen AMF und Harley-Davidson litten. AMF hatte erwartet, dass Harley-Davidson eine „Cash Cow" war, die man ununterbrochen unter Einsatz minimaler Ressourcen melken konnte. Natürlich war das nicht der Fall: AMF hatte die Komplexität des Motorradgeschäfts unterschätzt und musste Unsummen für die Entwicklung neuer Produkte sowie Betriebs- und Wartungskosten aufwenden. 1980, als die Kosten weiter stiegen und der Marktanteil von Harley-Davidson sank, entschied AMF sich deshalb, das Motorradgeschäft zum Verkauf zu stellen.

Dann geschah etwas sehr Bemerkenswertes: Am 16. Juni 1981 bündelten dreizehn Harley-Davidson-Führungskräfte, darunter auch Willie G., in einer gemeinsamen Anstrengung all ihre finanziellen Ressourcen und kauften das Unternehmen zurück, in die Hände von Enthusiasten. Es war ein unglaublich riskantes Unterfangen. Die Wirtschaft befand sich in einer Rezession, der Absatz war eingebrochen und die neuen Eigentümer übernahmen schwere Hypotheken, um den Kaufpreis von über 81,5 Millionen Dollar abzusichern.

Damals wurde aber ein Management-buy-out als einzige Möglichkeit gesehen, das Unternehmen zu retten. *„Wenn wir den Kauf nicht vorangetrieben hätten, hätten wir den Untergang des Unternehmens besiegelt"*, sagte Vaughn Beals, damals CEO des nun eigenständigen Unternehmens Harley-Davidson. *„AMF hatte den Willen verloren, für einen größeren Marktanteil Harley-Davidsons zu kämpfen. Es ist eine schwere Verantwortung, aber wir treffen jetzt unsere eigenen Entscheidungen und wenn wir falsch liegen, könnte das Unternehmen den Bach runtergehen."*

Die neuen Eigentümer machten sich sofort an die Arbeit, um das Unternehmen wieder zu beleben, die Mitarbeiter zu motivieren und das Vertrauen der loyalen Kunden wieder herzustellen. Der erste Schritt war rein symbolischer Natur: Es gab eine „Rückkauf-Erinnerungsfahrt" der dreizehn Unternehmensverantwortlichen – begleitet von Händlern und einem Pressaufgebot – von York ins heimische Milwaukee. Der zweite Schritt war ritueller Natur: Man veröffentlichte ein detailliertes Protokoll, in dem beschrieben wurde, wie man das „AMF"-Logo von den Tankplaketten der in Produktion befindlichen Modelle entfernen wollte. Schritt drei war praktischer Natur: Das gesamte Unternehmen wurde reformiert. Dazu wurden neueste Fertigungs- und Managementtechniken eingeführt, um die Qualität zu verbessern und die Kosten zu senken.

Mitarbeiter, Händler und Zulieferer wurden gleichermaßen gebeten, bei den Sanierungsbemühungen zu helfen, die größten Veränderungen gab es aber im Fertigungsbereich. Harley-Davidson analysierte sorgfältig die Methoden seiner sehr erfolgreichen japanischen Wettbewerber und adaptierte bald deren beste Ideen wie etwa Just-in-Time-Lagerhaltung, betriebliches Verbesserungswesen und umfassende Qualitätssicherung. Die Rechnung ging auf: Die Produktivität stieg, die Kosten sanken und die Qualität verbesserte sich.

Bis 1984 hatte die Motor Company einen Lauf, aber 1985 brach das Geschäft ein. Die amerikanische Wirtschaft befand sich in der schlimmsten Rezession seit Jahrzehnten, und der Motorradmarkt lag darnieder. Nicht einmal Importzölle auf japanische Motorräder reichten aus, um der täglich drohenden Gefahr eines Konkurses des hoch verschuldeten Unternehmens zu begegnen.

Ende 1985 wurde die Situation wirklich brenzlig, als jene Bank, die Harley-Davidson die Gelder für den Rückkauf bewilligt hatte, damit drohte, die Kredite platzen zu lassen und mit der Liquidation von Firmenbesitz zu beginnen. Erstaunlicherweise konnte Harley-Davidson

den Konkurs im letzten Moment abwehren. Getragen vom Vertrauen der Öffentlichkeit in die Kompetenz und Willenskraft der Mitarbeiter und unterstützt durch die amerikanische Regierung, gelang 1986 ein weiterer Börsengang, der einen neuen „Lebensabschnitt" für Harley-Davidson einleitete.

„Nur in Amerika kann eine im Dezember 1985 akut vom Bankrott bedrohte Firma am 7. Juli 1986 in eine Aktiengesellschaft umgewandelt werden", sagte Rich Teerlink, damaliger Finanzvorstand bei Harley-Davidson. *„Wir gingen an die Börse, um nicht mehr abhängig von den Banken sein zu müssen. Ich verhandle lieber mit einem öffentlichen Aktionär als mit einem Kreditinstitut."*

Harley-Davidson gab das Aktienangebot mit einer ganzseitigen Anzeige in der „New York Times" bekannt; ein zweites Angebot am 1. Juli 1987 in Verbindung mit der Notierung an der New Yorker Börse war noch erfolgreicher als der erste und spülte zusätzliche 18 Millionen Dollar in die Kassen. Die Börsenlistung war das erste untrügliche Zeichen dafür, dass Harley-Davidson es geschafft hatte. Das zweite Signal war ein Besuch des amerikanischen Präsidenten Ronald Reagan am 6. Mai 1987 im Werk in York, wo er den Mitarbeitern und der Geschäftsführung zur historischen Kehrtwende gratulierte.

„Wenn es um Motorräder geht, ist dies die Heimat des amerikanischen All-Star-Teams", bemerkte Ronald Reagan. *„Natürlich ist dies nicht das, was die Leute noch vor wenigen Jahren über Sie gesagt haben. Sie sagten, Sie würden es nicht schaffen. Sie wären außerstande, mit der ausländischen Konkurrenz mitzuhalten. Sie sagten, dass Ihnen der Treibstoff ausging und Ihre Motoren nur noch stotterten."* Natürlich hatten „sie" komplett Unrecht.

Trotz aller Widrigkeiten ersparten Harley-Davidsons neue Eigentümer dem Unternehmen das gleiche Schicksal wie das aller anderen nordamerikanischen Motorradhersteller: Sie bewahrten das Unternehmen vor dem Untergang. Doch nicht nur das, sie bauten Harley-Davidson während der letzten dreißig Jahre um zu einem der profitabelsten, erfolgreichsten und wachstumsstärksten Unternehmen in den Vereinigten Staaten aus. All das begann mit diesem unscheinbaren Filzschreiber.

EMPLOYEES
Welcome Home
HARLEY-DAVIDSON

HOG
HARLEY OWNERS
GROUP©

1983
HOG
FALL RIDE

1983
HOG
FALL RIDE

HOG
HARLEY OWNERS
GROUP©

35

HARLEY OWNERS GROUP

Die Gruppe der dreizehn Führungskräfte, die Harley-Davidson 1981 aus dem Besitz von AMF befreiten, hatte genug damit zu tun, Herstellungsprozesse, Qualitätssicherung und Arbeitsbedingungen zu verbessern. Alle Bereiche hatten während der zwölf Jahre „Fremdherrschaft" gelitten. Es gab allerdings noch eine weitere, große Aufgabe, die viel wichtiger als das Produkt an sich war: Man musste die Menschen zurückgewinnen. *Das* war die vielleicht größte Herausforderung, vor der die neuen Eigentümer der Motor Company standen: das Vertrauen der Kunden wieder zurückzugewinnen.Viele waren bitter enttäuscht und fühlten sich nach mehr als einem Jahrzehnt der Missachtung geradezu betrogen.

Aus diesem Grund wurde im Januar 1983 die Harley Owners Group – umgangssprachlich unter der Abkürzung HOG bekannt – gegründet, mit dem ausdrücklichen Ziel, die Kundenbindung zu stärken, und eine Kultur einzigartigen Zusammenhalts und Kameraderie aufzubauen, die mit dem Besitz einer Harley-Davidson Maschine einher geht. Das offizielle Motto lautet „Fahren und Spaß dabei haben". Obwohl sich die Gruppe weit über ihre ursprüngliche Mission hinaus entwickelt hat und mittlerweile diverse Aktivitäten von Wohltätigkeit (oftmals im Zusammenhang mit der amerikanischen Vereinigung für Muskeldystrophie-Erkrankungen) bis zum Merchandising im großen Stil betreibt, steht diese fundamentale Idee, Freude auf zwei Rädern zu vermitteln, weiterhin im Mittelpunkt.

Alle hier abgebildeten Gegenstände sind Formen, mit denen die Harley-Davidson Owners Group Mitglieds-Anstecknadeln gegossen werden. Das Sammeln dieser Pins hat für die Mitglieder der HOG einen sehr hohen Stellenwert. Viele fahren jährlich tausende Meilen mit ihren Maschinen, um bei den großen Motorrad-Veranstaltungen sogenannte „Pin-Stops" einzulegen, bei denen sie einen speziellen „Gedenk-Pin" für just diese Veranstaltung bekommen. Die HOG hat in den letzten mehr als dreißig Jahren Hunderte – wenn nicht gar Tausende – solcher Anstecknadeln produziert, und das Sammeln so vieler Anstecknadeln wie möglich hat für viele HOG Mitglieder eine hohe Priorität.

Die Harley Owners Group startete 1983 mit nur fünf Untergliederungen (sogenannte „Chapter"). Beim Kauf eines neuen Modells war die Mitgliedschaft im Harley Owners Club inbegriffen, und zu Ende des Jahres 1983 waren bereits 30.000 Neuanmeldungen zu verzeichnen. 1985 begannen Händler vor Ort mit dem Sponsoring lokaler Gruppen, und heute verzeichnet die HOG weltweit über eine Million Mitglieder in ihren Chapters. Damit ist die HOG der weltweit größte werksseitig gesponserte Motorradclub überhaupt.

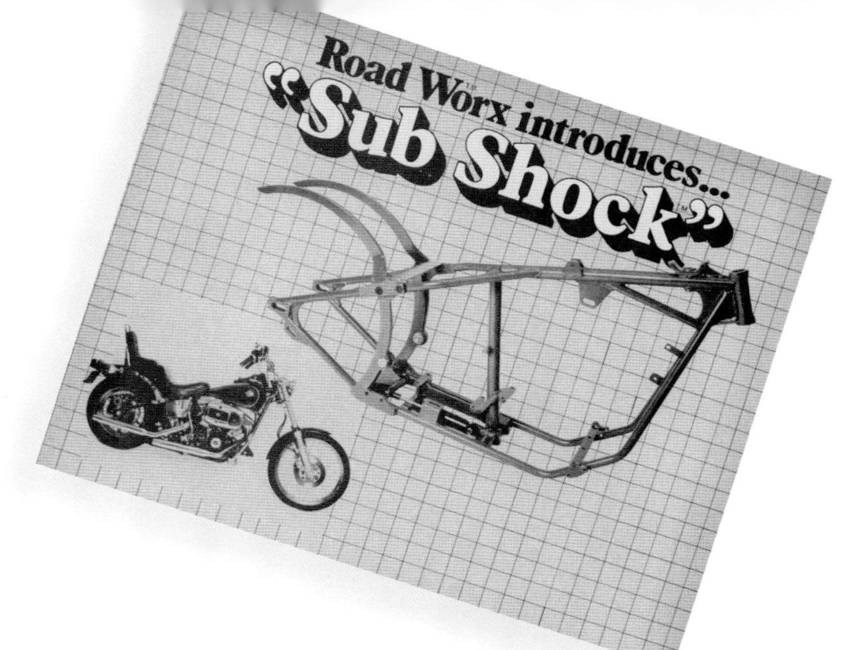

36

DIE ERSTE SOFTAIL

Die klare, schnörkellose, starre Dreiecksform am Heck ist ein distinktives Merkmal nahezu jedes Harley-Davidson-Motorrads – von der JD über die kultige EL bis hin zur allerersten FL – alle waren sie ungefedert. Selbst nachdem die Duo Glide 1958 auf den Markt kam und den starren Heckrahmen überflüssig machte, blieb der Hardtail-Rahmen erste Wahl in der Welt der Custom-Motorräder. Die Motorradtuner konnten einfach nicht genug bekommen vom Image des harten Hundes, das ihnen ein ungefedertes Motorrad verlieh.

Bill Davis aus St. Louis in Missouri, ein begeisterter Motorradfahrer und Maschinenbauingenieur, war einer von ihnen. Er liebte den starren, ungefederten Chopper-Look, aber er unternahm auch gerne lange Reisen und konnte den Ritt über Asphalt über Stunden hinweg nicht mehr ertragen. So begann Davis, wie andere Tüftler auch, an seiner Super Glide von 1972 (hier abgebildet) zu schrauben. Er fertigte schließlich einen Schwungarm für das Hinterrad an, der das Motorrad aussehen ließ, als sei es ungefedert, dabei aber zwei Stoßdämpfer unter dem Fahrersitz verbarg. Das Ergebnis war ein Motorrad, das optisch anmutete wie eine klassische Hardtail, das aber mit rückenschonender Federung ausgestattet war.

Davis fuhr mit seinem Prototypen durch das ganze Land, und überall wo er auftauchte, verliebten sich die Leute in sein Motorrad. Er überlegte ernsthaft, ein eigenes Unternehmen für nachrüstbare Fahrzeug-Rahmen zu gründen, hatte dann aber eine andere, bessere Idee: Warum nicht einfach einmal bei Harley-Davidson nachfragen, ob man seinen Rahmen in Lizenz produzieren wolle? Gesagt und getan: Im August 1976 kam es zum Treffen mit dem berühmten Designer Willie G., bei dem Davis sein Modell vorstellte. Willie G. war beeindruckt und sehr interessiert, aber die technische Abteilung Harley-Davidsons hatte keine verfügbaren Kapazitäten für dieses Projekt. So kamen die Gespräche ins Stocken.

MOTOR
HARLEY-DAVIDSON
CYCLES
EIGHTY CUBIC INCHES
SOFTAIL

Davis war kein Typ, der abwarten wollte. Er setzte sich nochmal an sein Zeichenbrett und entwarf eine zweite Version, bei der die Stoßdämpfer nicht mehr unter dem Sitz, sondern unterhalb des Getriebes Platz fanden. Dadurch gewann Davis ein paar Zentimeter Platz und konnte den Sitz tiefer legen und einen hufeisenförmigen Standard-Öltank einbauen, der dem Motorrad einen traditionelleren Anstrich gab. Diese Version war noch gelungener als die erste und führte dazu, dass Davis gemeinsam mit zwei Partnern eine Firma namens Road Worx gründete und ihre Entwicklung unter dem Namen „Sub Shock" patentieren ließ.

Bevor aber die erste Anzeige von Road Worx in der Zeitschrift „Easy Rider" an den Kiosken überhaupt erschienen war, überwarf sich Davis mit seinen beiden Partnern. Die Firma wurde aufgelöst. Der Trennungsstreit wurde so erbittert geführt, dass Davis alles Interesse am an der Sache verlor. Seine geniale Idee drohte für immer verloren zu gehen, bis eines Tages Jeff Bleustein, damaliger Vizepräsident der Engineering-Abteilung bei Harley-Davidson, bei Davis anrief, und eine Übereinkunft mit ihm aushandelte, die für Davis eine großzügige Lizenzgebühr auf jedes verkaufte Motorrad vorsah. Davis verkaufte daraufhin seine Patente und Prototypen und stellte sein Werkzeug Harley-Davidson im Januar des Jahres 1982 zur Verfügung. So wurde Harley-Davidsons Softail geboren.

Harley-Davidson veränderte Davis Basis-Design kaum, denn die Entwicklung war nahezu ausgereift. Die neue Plattform kam 1984 unter dem Namen FXST Softail in den Handel. Im Grunde genommen war die Softail eine Wide Glide mit einer veränderten Heckpartie. Die erste Softail hatte mit der weit vorragenden Vordergabel, dem schmalen 21-Zoll-Vorderrad und der Hardtail-Anmutung einen echten Chopper-Look, allerdings ohne dessen quälende Fahreigenschaften. Die FXST war eines der ersten Motorräder mit dem brandneuen Evolution V-Twin Motor aus Aluminium, der im Vergleich zum betagten gusseisernen Shovelhead-Motor ein gewaltiger Sprung nach vorne war.

Alles an diesem Softail Modell war gut. Es wurde ein sogleich ein Verkaufserfolg.

Obwohl die Softail mit einem Preisschild von 7.999 Dollar sehr teuer war – Harley-Davidsons teuerstes Nicht-Touring Modell -, verkaufte sie sich besser als alle anderen Big Twin-Motorräder in der Angebotspalette und fuhr eine Umsatzsteigerung von 31 Prozent ein.

Von diesem Erfolg beflügelt, kam Harley-Davidson in den folgenden Jahren mit immer neuen Softail-Varianten auf den Markt, darunter Heritage Softails mit fetten Kotflügeln, muskulös aussehenden Fat Boys, nostalgische Springer Softails, noch mehr Chopper wie der Night Train und das Modell Deuce – die Softail Plattform ist seither ein echter Verkaufsschlager geblieben.

Der Name Softail hat eine so hohe Bedeutung für die Marke, dass die Motor Company zum Modelljahr 2018, als die Produktpalette gestrafft wurde und die Dyna- und Softail-Modelle in einer Modellreihe zusammengeführt wurden, diese den Namen Softail erhielt. Alle 2018er Modelle behielten das charakteristische Design mit dem unechten Hardtail-Rahmen bei. Interessanterweise wurde der neueste Softail Rahmen modifiziert, um noch leichter und steifer zu werden: Man hat - wie bei Bill Davis erster Version – einen Dämpfer unter den Fahrersitz gelegt. Das erscheint geradezu poetisch: Das ursprüngliche Design von Bill Davis wurde von den früheren Harley-Davidson inspiriert, so dass es nahe liegt, dass Harley-Davidsons neuestes Design seinerseits auf frühe Arbeiten Davis verweist.

Das Chassis von 2018 passt zum Milwaukee Eight Motor.

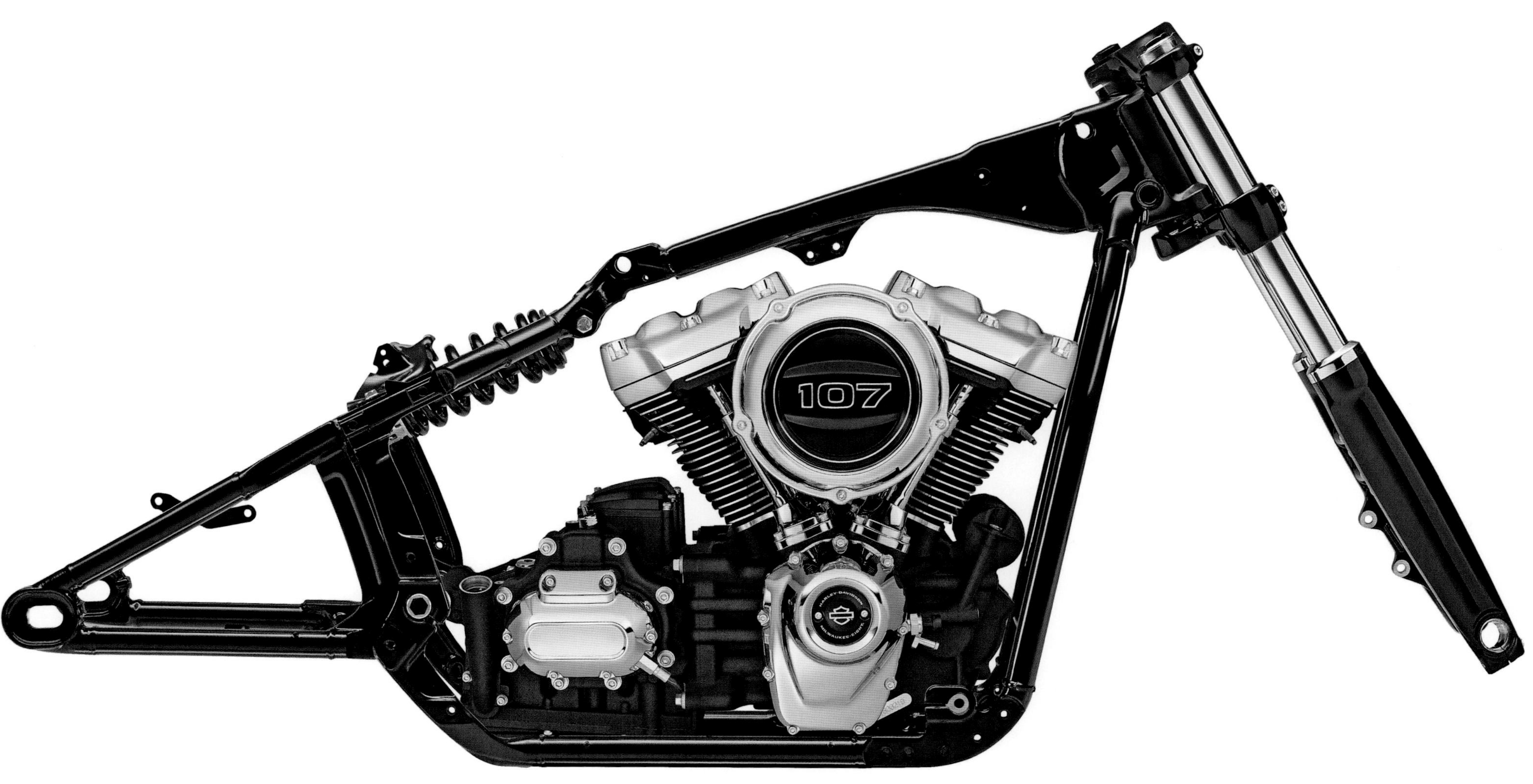

HARLEY DAVIDSON USA
FAT BOY
SUPERTRAPP
SUPERTRAPP

37

HARLEY-DAVIDSON UND HOLLYWOOD

Lesen Sie die folgenden Zeilen mit einem ausgeprägten österreichischen Akzent:
„I need your clothes, your boots and your motorcycle“
(„Ich brauche Deine Klamotten, Deine Stiefel und Dein Motorrad.“)

Dies war die denkwürdigste Szene im Film „Terminator 2: Tag der Abrechnung“. Arnold Schwarzenegger, der einen gerechten Androiden namens Terminator spielt, landet nackt in einer Motorradrocker-Bar und nimmt einem der Gangster nach wüstem Handgemenge dessen ledernes Motorradoutfit ab. Frisch eingekleidet, geht er nach draußen auf den Parkplatz und scannt mit seinen „Augmented Reality“ Fähigkeiten schnell die vorhandenen Motorräder, und sucht sich seine Fluchtmaschine aus. Nachdem er blitzschnell eine Reihe von möglichen Maschinen erwägt und dann doch wieder verwirft, darunter ein Modell Ford Crown Victoria, ein Yamaha Motorrad und ein paar kleinere Harley-Davidsons, trifft er seine Wahl – eine 1990er Harley-Davidson Fat Boy. Er braust mit donnerndem Motor in die Dunkelheit davon, um die Menschheit vor der drohenden atomaren Auslöschung zu retten.

Der Film „Terminator 2“ war der kommerziell erfolgreichste Film des Jahres 1991, genau genommen war es auch der gewinnträchtigste Film in Arnold Schwarzeneggers legendärer Schauspielkarriere. „Terminator 2“ war der Film, der Schwarzenegger vom Star zum Superstar machte – und dasselbe galt für die Fat Boy von Harley-Davidson. Verstehen Sie mich nicht falsch – die Fat Boy war ebenso sehr Star dieses Films. Ganz im Gegensatz zu den meisten Motorrädern, die man heute oft als Ergebnis bezahlter Produktplatzierung in Filmen sieht, hat der Regisseur James Cameron beim „Terminator 2“ das Modell Fat Boy bewusst als Rollenbesetzung ausgewählt. Cameron fühlte sich zweifellos angezogen durch den muskulös-maskulinen Look, der die breiten Schultern Schwarzeneggers kongenial ergänzte, und durch die futuristischen Scheibenräder aus Stahl. Das donnernde Grollen des kraftvollen Evolution V-Twin Motors dürfte bei der Rollenbesetzung auch geholfen haben.

Camerons Wahl sagt viel über die kulturelle Signifikanz der Marke Harley-Davidson während der Neunziger Jahre aus. Es waren die Anfangsjahre eines unglaublichen Booms, und die Fat Boy war Harley-Davidsons wichtigste marktgängige Valuta. Es gab kein anderes Fahrzeug, das den knallharten Superhelden derart charakteristisch spiegelte, wie Harley-

Davidsons durch und durch amerikanisches Modell Fat Boy. Die prominente Platzierung neben dem weltweit größten Action-Helden machte sich für das Motorradunternehmen in jeder Hinsicht bezahlt, denn sie machte Harley-Davidson unglaublich cool und trieb die Verkaufszahlen in die Höhe.

Nicht jeder Mann hatte den Bizeps des Terminators oder dessen unheimliche Fähigkeit, dem Tod immer wieder ein Schnippchen zu schlagen. Aber jedermann konnte zum nächsten Händler schlendern und sich das Motorrad des Terminators kaufen. Seine Jacke und Schuhe übrigens auch...

Die Verbindung zwischen Harley-Davidson und Hollywood geht natürlich viel weiter zurück als bis in die Neunziger Jahre. Die fachmännisch kuratierte Galerie „Film und Musik“ im Inneren des Museums beleuchtet diese lange und für beide Seiten vorteilhafte Beziehung detailliert und kenntnisreich. Sie beginnt mit dem Film „The Wild One“ aus dem Jahr 1953. Obwohl Marlon Brandos Protagonist Johnny Stabler eine Triumph Thunderbird fährt, sitzt die überwiegende Mehrheit seiner Black Rebels Motorcycle Club-Kohorte auf Harley-Davidson-Maschinen. Ihr Erscheinungsbild goss das Outlaw-Biker-Image in die Form, die die amerikanische Motorradkultur bis heute dominiert.

Diese ikonische Darstellungsweise verbreitete sich während der Sechziger Jahre durch eine schier endlose Anzahl von B-Movies mit geringem

Budget, in denen die Motorradkultur gleichermaßen gefeiert wie auch verunglimpft wurde. Im Grunde beschäftigt sich die gesamte Filmographie Roger Cormans mit diesem Thema. Erst 1969 gab es mit dem Erscheinen des Films „Easy Rider“ einen wirklich tiefgreifenden kulturellen Paradigmenwechsel: Der Kult-Klassiker mit Peter Fonda und Dennis Hopper und ihren Harley-Davidson-Choppern „Captain America“ und „Billy Bike“ folgte den beiden Aussteigern der Hippie-Ära auf ihrem mäandernden Roadtrip auf der Suche nach einem idyllischen Amerika, das es so nicht mehr gab. „Easy Rider“ war ein wegweisender Film und Eckpfeiler für eine ganze Generation, denn er legte den Grundstein für die „New Hollywood“-Ära und machte die beiden Chopper-Modelle zu Ikonen der Popkultur und zu Wahrzeichen der rebellischen Sechziger.

Die anhaltende Popularität von Harley-Davidson-Motorrädern in Hollywood-Blockbustern, zuletzt in den von Marvel Comics inspirierten Filmreihen wie zum Beispiel der „Captain America“ Serie, ist der Beweis für Harley-Davidsons unglaubliches Comeback nach dem Beinahe-Tod zu Beginn der frühen Achtziger Jahre. Der Erfolg zeigt aber auch, dass Harley-Davidson mehr als bloß Motorräder verkauft. Das Hauptgeschäft Harley Davidsons ist es, Träume zu verkaufen, genau so wie es die Filme tun, in denen die Motorräder mitspielen.

38

DESIGN-LABOR

Wie wird ein Harley-Davidson Motorrad erschaffen? Das ist das Thema der Design-Labor-Austellung des Museums, und als solche bietet sie einen faszinierenden Blick hinter die Kulissen eines Ausschnitts der Motor Company, der gewöhnlich der Öffentlichkeit verschlossen bleibt. Klopfen Sie einfach einmal an die Türe des Produktentwicklungszentrums, und Sie werden keinen Schritt weiter kommen, es sei denn, Sie gehören zum Stab der Designer oder Entwickler. Das Design-Labor im Museum ist da die beste Alternative, denn hier wird Ihnen der gesamte Design-Prozess von den CAD-Zeichnungen über physische Modelle bis hin zum Rapid-Prototyping veranschaulicht.

Dieses von Hand gefertigte Tonmodell im Maßstab 1:1 der original Harley-Davidson V-Rod ist ein typisches Beispiel für die Art von Artefakten, die Sie in den ständig wechselnden Ausstellungen des Design Lab sehen. Obwohl die computergestützten Programme die Fahrzeugkonstruktion revolutioniert haben, gibt es doch keinen Ersatz für ein lebensechtes Modell wie dieses. Die digitalen Zeichnungen, egal wie detailliert sie auch sein mögen, vermitteln den Designern keinen Gesamtüberblick über Größe und Proportionen. Designer brauchen etwas, das sie aus der Distanz betrachten, das sie umrunden und anfassen können. So ist Ton auch heute noch das bevorzugte Medium beim Modellieren, denn er lässt sich leicht verarbeiten, verändern und immer wieder überarbeiten.

Dieses Tonmodell der V-Rod wurde 1996 gefertigt und anschließend mehrfach modifiziert, ehe das Motorrad im Jahr 2001 tatsächlich der Öffentlichkeit vorgestellt wurde. Ton ist heutzutage allerdings kein völlig retrogrades Medium mehr, denn mittlerweile können auch Tonmodelle gescannt werden. Die von Hand gefertigte Skulptur wird dabei in eine digitale Datei umgewandelt, so dass weitergehende Entwicklungen oder Modifikationen am Bildschirm aufgezeigt werden können.

In der Museumssammlung befindet sich auch ein maßstabgetreues Modell des V-Rod Revolution-Motors, das mit LOM-Technik (Laminated Object Manufacturing) entwickelt wurde, einem Verfahren, bei dem Papierbögen von einem Laser geschnitten und zu einem dreidimensionalen Schicht-Modell eines Gegenstands zusammengesetzt werden. Die Technik des Modellierens hat sich im Laufe der Jahre grundlegend verändert. Früher engagierten experimentierfreudige Stylisten, die ein Modell modifizieren wollten, einen Modellbauer, der das gewünschte Objekt dann von Hand aus Metall, Holz oder Fiberglas ausarbeitete. Heute werden Rapid Prototyping Maschinen verwendet, die ein Modell manchmal binnen weniger Stunden herstellen und dabei Technologien wie SLA (Stereo-Lithography) nutzen, bei der ein Laser ein lichtempfindliches Harz aushärtet oder auch SLS (Selective Laser Sintering), bei dem ein Laser dünne Schichten aus pulverisiertem Nylon zu Komponenten verschmilzt. Beide Verfahren werden von Harley-Davidson-Ingenieuren häufig eingesetzt.

HARLEY-DAVIDSON

39

PENSTER REVERSE TRIKE

Harley-Davidson ist kein unbekannter Name auf dem Markt für dreirädrige Fahrzeuge. Die Motor Company debütierte 1914 mit dem Modell Forecar, einem reversen Trike mit zwei Vorderrädern und einem einzigen Hinterrad. Mit dem Servi-Car erschien 1932 Harley-Davidsons erstes klassisches Trike.

1985, mehr als fünfzig Jahre später, übernahm Harley-Davidson ein Unternehmen namens Hawk Vehicles, das ein reverses Trike mit dem Namen Trihawk produzierte. Das Trihawk Trike wurde von einem 1299-Kubikzentimeter-Automotor von Citroën angetrieben, hatte Vorderradantrieb und nebeneinander platzierte Sitze. Es war dazu gedacht, die Modellpalette Harley-Davidsons weiter zu diversifizieren. Das Trihawk-Projekt war jedoch eine Totgeburt. Harley-Davidson war so sehr mit dem Wiederaufbau seines Kerngeschäfts befasst, dass Ressourcen fehlten, um das Trike in der Entwicklung voranzubringen; bald darauf wurde das Trihawk Programm aufgegeben.

Der Traum vom Trike erstarb mit diesem Projekt allerdings nicht: Harley-Davidson wollte jene alternden Babyboomer, die kein zweirädriges Motorrad ausbalancieren konnten oder wollten, mit einem Trike ansprechen. Das Unternehmen entwickelte daraufhin 1998 dieses einzigartige dreirädrige Fahrzeug und nannte es Penster. Im Gegensatz zum Trihawk, der mehr einem Kleinwagen als einem Motorrad glich, ist der Penster im Grunde ein klassisches V-Twin Motorrad mit Lenker und zwei Vorderrädern. Der Penster kam dem ähnlich geformte Can Am Spyder um zehn Jahre zuvor, doch im Gegensatz zu diesem neigen sich beim Penster die vorderen Räder tatsächlich in den Kurven und sorgen für ein dynamisches und motorrad-ähnliches Fahrerlebnis.

Die Federung und Aufhängung der Räder ist beim Penster Trike sehr anspruchsvoll und elegant gelöst, denn das Trike verfügt über ein computergesteuertes, elektro-hydraulisches Lenksystem, das die Neigung der Vorderräder bei Kurvenfahrten kontrolliert. Im Museum gibt es zwei Penster Trike Modelle zu bestaunen, zum einen das ursprüngliche Modell aus dem Jahr 1998, das auf Vertragsbasis von dem legendären Hot-Rod-Tuner „Lil John“ Buttera für Harley-Davidson entwickelt und gebaut wurde, zum anderen eine orangefarbene, chromstrotzende Version aus dem Jahr 2006, eins von vier Exemplaren im fünften und letzten Entwicklungszyklus des Penster Trikes. Dieses hoch entwickelte, seriennahe dreirädrige Fahrzeug lässt erahnen, wie kurz es bereits vor der Markteinführung stand, ehe man es aus dem Verkehr zog. Es machte Platz für das weniger riskante, konventionellere Tri Glide Trike, das schließlich 2009 erschien.

HARLEY DAVIDSON

40

RED MOON LEDER-MOTORRAD

Nicht alle „Motorräder" im Harley-Davidson Museum sind aus Metall. Eines der auffälligeren Ausstellungsstücke ist nahezu ganz aus Leder gefertigt, obwohl unter dem Leder natürlich auch Stahlteile verborgen liegen. Diese Chopper-Skulptur in Originalgröße war ein Geschenk des Gründers und Inhabers von Red Moon, einem Premium-Lederwarenhersteller aus Japan, an das Museum.

Es dauerte fast zwei Jahre, bis ein Team aus zwanzig Handwerkern diesen fast zwei Meter langen Chopper fertig gestellt hatte, und der Detailreichtum dieser Skulptur ist absolut bemerkenswert. Der Evolution-Motor wurde bis hin zur exakten Anzahl der Kühlrippen perfekt nachgebildet, die Antriebskette wurde aus einzelnen Kettengliedern gefertigt und der an der Gabel hängende Lederwerkzeugbeutel enthält sogar einen kompletten Satz Lederwerkzeuge. Nach der Fertigstellung 2001 flogen der Besitzer von Red Moon sowie einige der an diesem Projekt beteiligten Mitarbeiter gemeinsam zum Harley-Davidson-Museum, um die Motorrad-Skulptur persönlich zu übergeben und sie den Mitarbeitern des Museums vorzustellen.

Diese außergewöhnliche Hommage des Unternehmens Red Moon an Harley-Davidson ist nur ein Beispiel dafür, wie sehr sich Motorradfans mit der Marke identifizieren. Viele Motorradfans wollen Harley-Davidson etwas zurückgeben und ihre Leidenschaft für die Motorräder persönlich zum Ausdruck bringen, in dem sie auf ihre ganz persönliche Art und Weise etwas zur Sammlung des Museums beitragen. Das Harley-Davidson-Museum zeigt viele einzigartige und originelle Artefakte, die die Begeisterung der Kunden für das Unternehmen spiegeln: Das können personalisierte Sammelalben oder individuelle Sweatshirts, aber auch solche spektakulären Sonderanfertigungen wie King Kong oder das Red Moon Lederbike sein.

Harley-Davidson 100th Anniversary
PARADE PASS
NIIGATA CENTRAL
CHAPTER JAPAN
000831
August 30, 2003
Milwaukee, Wisconsin

41

ZEIT ZU FEIERN!

Als Harley-Davidson 2003 sein 100-jähriges Firmenjubiläum erreichte, hatte das Unternehmen allen Grund zu feiern. Einhundert Jahre kontinuierlicher Produktion waren fast fünfzig Jahre mehr, als der amerikanische Motorradhersteller mit der zweitlängsten Geschichte vorweisen konnte. (Indian wurde 1901 gegründet und existierte zweiundfünfzig Jahre bis 1953; nach einem Dornröschenschlaf von über achtundfünfzig Jahren wurde die Marke Indian in 2011 durch den amerikanischen Fahrzeughersteller Polaris übernommen.)

Es waren ganz gewiss keine einfachen hundert Jahre für Harley-Davidson. Sie waren geprägt durch große Erfolge, herbe Rückschläge sowie ein bis zwei „Nahtod-Erfahrungen". Als das hundertjährige Firmenjubiläum anstand, war das Unternehmen stärker denn je aufgestellt und konnte zuversichtlicher als je zuvor in seiner Firmengeschichte in die Zukunft blicken. Es war an der Zeit, zu feiern.

Die Geburtstagseinladungen wurde weltweit kommuniziert, so dass am letzten Augustwochenende des Jahres 2003 geschätzte 250.000 Harley-Davidson-Fans aus der ganzen Welt den Weg nach Milwaukee fanden, um dem beliebtesten Motorradhersteller Amerikas zum Geburtstag zu gratulieren. Die „Homecoming"-Festivität in Milwaukee war der Höhepunkt einer einjährigen Open Road Tour, die mit kleineren Wochenendfestivals an zehn Orten weltweit (Sidney, Hamburg, Atlanta, Baltimore, Los Angeles, Toronto, Dallas, Mexiko City, Tokio und Barcelona) auf Touren gebracht wurde. Allein aus Australien kamen über eintausend HOG-Mitglieder nach Milwaukee, wobei fast die Hälfte von ihnen nur für diese Veranstaltung ihre Motorräder in die nördliche Hemisphäre verschifft hatte.

Die Jubiläumsfahrt „nach Hause" lud amerikanische Harley-Davidson Fans ein, an einer der vier Fahrten aus allen vier Himmelsrichtungen Amerikas teilzunehmen. Der grandiose „Homecoming Roadtrip" führte die teilnehmenden Fahrer zu Festivitäten in sechsundzwanzig amerikanischen Großstädten entlang des Weges. Die Teilnehmer der Jubiläumsfahrt feierten nicht nur, sondern sammelten auf ihrem Weg nach Milwaukee auch über fünf Millionen Dollar Spenden für die amerikanische Muskeldystrophie-Gesellschaft, eine Wohltätigkeitsorganisation, der sich Harley-Davidson eng verbunden fühlt.

Das Unterhaltungsprogramm in Milwaukee umfasste Präsentations-Fahrten auf den Maschine der 100th Anniversary Edition mit Spezial-Lackierung und extra angefertigten Jubiläums-Badges, Stuntshows, Werksbesichtigungen und Livemusik auf zehn Bühnen, obwohl der

musikalische Headliner, Softrocker Elton John, in Anbetracht des Hard Rock-affinen Publikums allerdings eine Plaite war. Viel gelungener hingegen war die offizielle Parade, bei der mehr als zehntausend Motorräder durch die Innenstadt Milwaukees donnerten. Es war die vermutlich weltweit längste Kette von motorisierten Pferdestärken und verchromter Hardware, die es jemals gab.

Das hundertjährige Jubiläum war zwar das bei Weitem größte, doch nicht das erste historische Ereignis, das Harley-Davidson feiern konnte. Das fünfzigjährige Bestehen 1954 wurde ebenso mit einer speziellen Lackierung und Gedenkbadges auf den vorderen Kotflügeln aller Motorräder gefeiert. Das Jahr 1954 erscheint insofern seltsam, weil das erste Harley-Davidson Motorrad in 1903 gefertigt wurde. Die Jubiläumseditionen wurden 1978 unter dem Dach von AMF zum siebzigsten Firmenjubiläum wiederbelebt (beachten Sie: hier wurde mathematisch richtig gerechnet), aber erst beim fünfundachtzigjährigen Firmengeburtstag 1988 wurde Harley-Davidson richtig auf die Pauke gehauen: Das Unternehmen war drei Jahre zuvor nur knapp dem Konkurs entronnen, befand sich aber 1988 bereits wieder in einem bemerkenswerten Aufwärtstrend, und der Unternehmensführung war es ein Anliegen, sich für die Treue der Kunden durch schwere Zeiten hinweg zu bedanken. Dies war die erste der mittlerweile traditionellen „Home Coming"-Feiern in Milwaukee, die im fünfjährigen Turnus stattfinden. Bereits die erste Feier zog zehntausende Motorradfans und Liebhaber der Marke Harley-Davidson an, und das war noch nicht das Ende der Fahnenstange. Die „Fünf-Jahres-Feste" erfreuten sich immer größerer Beliebtheit: Anlässlich des fünfundneunzigjährigen Bestehens des Unternehmens waren fast einhunderttausend Fans mit von der Partie.

Harley-Davidson zelebriert weiterhin seine reiche und geschichtsträchtige Vergangenheit – und das menschliche Miteinander, das diese Firmengeschichte ermöglicht – mit alle fünf Jahre stattfindenden Events zuhause in Milwaukee. Die Jubiläumsfeiern stärken dabei das Gefühl von Zusammengehörigkeit bei den Harley-Davidson- Motorradbesitzern und bringen Menschen aus allen Erdteilen und mit ganz unterschiedlichen Lebenshintergründen zusammen, die gemeinsam ihre Leidenschaft feiern können. Der Besitz einer Harley-Davidson ist gleichzusetzen mit der Mitgliedschaft in einer lebendigen Gemeinschaft von gleichgesinnten, freiheitsliebenden Individuen. Mehr noch als stylische Modelle oder innovative Technik ist genau dieses Gemeinschaftsgefühl der Motor für Harley-Davidsons anhaltende Popularität und der Schlüssel zum Fortbestand des Unternehmens auch über die kommenden einhundert Jahre hinaus.

STOP

Fender

KULT-PARTNERSCHAFTEN

Die Fender Stratocaster ist im Prinzip das musikalische Äquivalent zu Harley-Davidsons Hydra Glide aus dem Jahr 1948! Sie ist die Gitarre, die das Gesicht des frühen Rock'n'Roll prägte und die auch heute noch, mehr als sechzig Jahre später, Sound und Stil zutiefst prägt.

1954 von Leo Fender entwickelt, wird die Stratocaster seither kontinuierlich gebaut. Ihre unverwechselbare zweifache Cut-Away-Form und ihre unvergleichlich gute Klangqualität haben diese Gitarre zu einer der meist-verkauften und meist-kopierten Gitarren aller Zeiten gemacht. Die Liste der Stratocaster-Gitarristen liest sich wie ein „Who-is-Who" der Rockmusikgeschichte: Buddy Holly, Jimi Hendrix, Bob Dylan, Eric Clapton, Dick Dale, George Harrison und John Lennon, Stevie Ray Vaughn, sogar Eddie van Halen. Wenn es eine unentbehrliche, elementare Gitarrenform gibt, dann ist es die Fender Stratocaster.

Es war also kein Zufall, dass Harley-Davidson anlässlich seines einhundertfünften Firmenjubiläums nach anderen amerikanischen Markenlegenden suchte, um zusammenzuarbeiten und die öffentliche Aufmerksamkeit auf die 2008 anstehende Geburtstagsfeier zu lenken. Fender stand ganz oben auf der Liste. Der Fender Custom Shop wurde beauftragt, eine Sonderanfertigung der Stratocaster zu Harley-Davidsons einhundertfünften Geburtstag zu bauen. Die Handwerker fertigten drei identische Stratocaster-Gitarren an, die allesamt liebevoll mit Features ausgestattet wurden, die die klassische Harley-Davidson Designästhetik spiegeln. Entworfen von Fenders Custom Shop Veteranen Scott Buehl, waren die Gitarren tiefschwarz lackiert, hatten Black Cherry Nadelstreifen, geschwärzte Chrom- und Nickel-Einlagen und einen schwarzen Polykarbonat Harley-Davidson-Schriftzug auf dem Gitarrenhals; das distinktive Harley-Davidson-Logo mit Schild und Balken wurde auf eine Platte graviert und am Korpus montiert, und die Schlagbretter aus Aluminium waren sogar perforiert worden.

Die erste der „einhundertfünf Jahre Harley-Davidson" Gitarren wurde online für 35.088 Dollar versteigert, und der Erlös aus der Versteigerung wurde der Amerikanischen Muskeldystrophie- Gesellschaft gespendet. Die zweite Gitarre wurde dem damals neuen Harley-Davidson-Museum übergeben, um die Eröffnung gebührend zu würdigen. Die dritte Gitarre ging umgehend an das Fender-Museum in Corona, Kalifornien, wo sie ebenfalls heute in der Ausstellung zu bewundern ist. Die Fabrikation dieser ganz besonderen Gitarren unterstreicht die wachsende Bedeutung der im Turnus von fünf Jahren abgehaltenen Jubiläumsfeiern ebenso wie die zunehmende Marktpräsenz Harley-Davidsons. Die Motor Company ist in der Lage, auch andere ikonische amerikanische Marken zu unterstützen oder sogar aufzuwerten.

43

DER TSUNAMI-ÜBERLEBENDE

Harley-Davidson-Motorräder werden überall auf dem Globus gefahren. Es gibt allerdings kein anderes Motorrad, das eine derart abenteuerliche Seereise gemacht hat wie diese Night Train aus dem Jahr 2004, die dem Japaner Ikuo Yokoyama aus der Präfektur Miyagi in Japan, gehörte. Yokoyama hatte seine geliebte Softail in einem Lagercontainer vor seinem Haus in der Nähe der Stadt Sendai abgestellt, als das verheerende Tohoku Erdbeben am 11. März des Jahres 2011 mit einer Stärke von 8,9 auf der Richterskala einsetzte. Der aus dem Beben resultierende acht Meter hohe Tsunami zerstörte das Haus des neunundzwanzigjährigen Yokoyama und spülte den Container mit dem Motorrad hinaus auf das offene Meer.

Es ist bemerkenswert, dass der isolierte, schwimmfähige Container versiegelt blieb und sich über Wasser halten konnte. Der Container trieb über ein Jahr lang über den Pazifischen Ozean, ehe er schließlich an einem abgelegenen Strand an Land angespült wurde und zerbrach, und zwar in British Columbia, auf der Inselkette Haida Gwaii, mehr als viertausend Meilen entfernt von Yokoyamas Heimat.

EinStrandgutsammler namens Peter Mark entdeckte das Motorrad, das noch über einen Monat lang teilweise im Sand vergraben blieb, ehe es richtig geborgen werden konnte. Die Harley-Davidson-Zentrale hörte von dieser Geschichte von Mitarbeitern des Harley-Davidson-Händlers Steve Drane in Victoria, British Columbia, die bei der Bergung des Motorrads zugegen waren.

Zunächst wollte die Motor Company Yokoyamas Softail Maschine wieder herstellen und reparieren, aber als das volle Ausmaß der Verwüstung klar wurde, bot man Yokoyama ein komplett neues Motorrad an. Yokoyama lehnte ab, und bat darum, das Motorrad im Harley-Davidson-Museum in Milwaukee in stillem Gedenken an die über fünfzehntausend Menschen auszustellen, die ihr Leben bei der Katastrophe verloren hatten – darunter auch drei Mitglieder seiner eigenen Familie. Harley-Davidson willigte ein, und das Motorrad befindet sich nun in der Ausstellung des Museums.

Yokoyamas Night Train wird in exakt dem Zustand gezeigt, in dem man es bei der Bergung fand: Vom Rost verheert nach wochenlangem Bad in salzigem Meerwasser und Sand. Interessanterweise verändert sich der Zustand des Motorrads ständig, denn der natürliche Korrosionsprozess geht Tag für Tag weiter und zerfrisst das Metall immer mehr. Die Salzkruste auf dem Treibstofftank und auf anderen Motorrad-Komponenten lässt immer neue Salzformationen erblühen. Dieser Prozess wird von den Museumsmitarbeitern mit einer monatlichen Photodokumentation verfolgt und überwacht.

Das Ausstellen des einst preisgekrönten Motorrads von Yokoyama ist eine unglaublich eindringliche Erinnerung an die zerstörerischen Kraft von Naturgewalten und an die schreckliche menschliche Tragödie, die sich an diesem schicksalhaften Tag an Japans nördlicher Küste abspielte.

Harley-Davidson
LIVEWIRE

44

LIVEWIRE ELEKTRO-MOTORRAD

Wer hätte jemals erwartet, dass das gute alte Unternehmen Harley-Davidson – nicht Honda, nicht Yamaha, noch nicht einmal BMW – einmal der erste etablierte Motorradhersteller sein würde, der ankündigte, ein rein elektrisches Motorrad zu bauen? Dieses schlanke, voll elektrische Motorrad mit dem Namen LiveWire überraschte bei seiner Vorstellung im Jahr 2014 die gesamte Motorradbranche: Es zeigte klar und deutlich auf, wie sehr Harley-Davidson darauf fokussiert war, sich selbst neu zu erfinden, um für die nächsten hundert Jahre Firmengeschichte gerüstet zu sein.

„Amerika ist immer dann am größten, wenn es sich selbst neu erfindet“, sagte Harley-Davidson-Vorstand Matt Levatich bei der Vorstellung des LiveWire Modells 2014. *„So wie Amerika selbst auch, hat sich Harley-Davidson viele Male in seiner Geschichte neu erfunden, wobei die Kunden uns immer wieder geführt haben. Projekt LiveWire ist ein weiterer kundenorientierter und spannender Moment in unserer Firmenbiographie.“*

Nach der super-stylischen Dark Custom Serie und der erschwinglichen Einstiegsreihe Street war das Projekt LiveWire der neueste Schuss aus dem Köcher. Mit dem Projekt LiveWire sollten vor allem neue, junge und andere Kundengruppen für Harley-Davidson gewonnen werden. Das elektrische Antriebssystem war nicht nur auf dem neuesten Stand, das Styling war überdies mit seiner muskulösen und athletischen Anmutung, die man bislang so gar nicht mit Harley-Davidson in Verbindung gebracht hatte, eine deutliche Abkehr von Harley-Davidsons gängigen Cruiser- und Touring-Maschinen.

Ein solch avantgardistisches Styling war natürlich beabsichtigt. Die LiveWire war ein Entwicklungsprototyp, dessen Aufgabe darin bestand, etwas über die Erwartungen der Kunden an eine elektrische Harley-Davidson zu erfahren. (Hatte überhaupt irgendjemand Erwartungen an eine voll elektrische Harley-Davidson?). Harley-Davidson griff auf die Erfahrungen mit dem Projekt des Rushmore Touring-Motorrads zurück, das ein Jahr zuvor ein gewaltiges Kundenecho produziert hatte und sammelte auch hier eine Unmenge Kundeninput für die Weiterentwicklung seines elektrischen Motorrads ein.

Während des gesamten Sommers 2014 hatten Interessenten in ganz Amerika die Möglichkeit, eine Probefahrt mit dem Modell LiveWire bei mehr als dreißig Händlern zu machen; sie konnten auch an einer simulierten, virtuellen Fahrt teilnehmen und Rückmeldungen geben, die direkt in die zukünftige Entwicklung der Elektro-Motorräder einfließen

Elektro-Motorrad als Tonmodell im Maßstab 1:3.

sollten. So hob das Unternehmen hervor, dass *„langfristige Pläne, das Projekt LiveWire auch für den Einzelhandel verfügbar zu machen, (...) durch die Rückmeldung von Fahrern während der LiveWire Experience Tour beeinflusst"* würden.

Harley-Davidson veröffentlichte nur wenige technische Daten über das Projekt LiveWire, versprach aber eine „reifenshreddernde Beschleunigung" und einen einzigartigen „Kampfjet-Sound" der sich von jeder herkömmlichen Maschine mit Verbrennungsmotor unterscheiden würde. Das LiveWire Motorrad hatte 17 Zoll Räder mit Scheibenbremsen vorne wie hinten, und die Federung bestand aus einer kräftigen Vordergabel mit inversem Federbein und einem zentral montierten Monoshock hinten: alles aktuelle Sport-Bike-Technologiefeatures. Die Leistung entsprach der Anmutung, und die Beschleunigung von 0 auf 100 Stundenkilometern innerhalb von vier Sekunden beeindruckte die Presse ebenso wie die Höchstgeschwindigkeit von über 160 km/h.

Harley-Davidsons riskanter Sprung in die Elektromobilität wurde umgehend belohnt: Die Präsentation des LiveWire Elektro-Motorrads war eine große Sensation und verhalf Harley-Davidson zu mehr Zeitungskolumnen, Internet-Clicks und Publizität als jede andere Neuvorstellung in der damals immerhin 111-jährigen Firmengeschichte. Nachdem die Demo-Tour im Sommer 2014 allerdings vorbei war, verschwand das LiveWire Modell genauso schnell, wie es gekommen war. Fast vier Jahre lang gab es nur Stillschweigen, bis Anfang 2018 plötzlich bekannt wurde, dass Harley-Davidson mit dem ersten Elektromotorrad innerhalb von achtzehn Monaten in Produktion gehen wolle.

Das kommende Elektro-Motorrad von Harley-Davidson richtet sich vorwiegend an junge Zweiradenthusiasten, die sich Tesla näher verbunden fühlen als Trans Am. Mit dem Aufkommen der Elektromobilität beginnt für die altehrwürdige Motor Company eine neue Zeitrechnung. Das Unternehmen hat die Chance, sich zum Technologieführer zu entwickeln und die kommenden einhundert oder mehr Jahre Motorradgeschichte zu prägen.

HARLEY-DAVIDSON
HARLEY-DAVIDSON
Harley-Davidson

45

SERENGETI PROTOTYP

Es gibt für wirklich alles im Maschinenbau ein Akronym, und in diesem Fall lautet es „RTLC“. Das ist die Abkürzung von „Road-to-Track-to-Lab-to-Computer“ und eine Kurzbeschreibung jener Prozessabläufe, die jedes brandneue Harley-Davidson-Modell vom Prototypen bis zur Endfertigung durchlaufen muss. Die Entwicklung neuer Motorräder beginnt in der Regel mit der Datenerfassung auf der Straße, gefolgt von umfangreichen Testfahrten auf Harley-Davidsons privaten Teststrecken in Talladega, Alabama oder auf dem Testgelände in Yucca, Arizona. Die auf der Straße und auf der Piste gesammelten Daten werden verwendet, um die Testsimulatoren, die Prüfstände und Schütteltische in Harley-Davidsons Produktentwicklungscenter zu programmieren. Diese Simulatoren laufen ununterbrochen bei Tag und Nacht, simulieren eine Streckenbelastung über viele tausend Meilen und testen dabei die Belastbarkeit neuer Komponenten. Die Ergebnisse all dieser Labortests bilden die Grundlage für die endgültigen Produktionsdateien, die ihrerseits schließlich den Fertigungsprozess steuern.

Obwohl er weit entfernt davon ist, „schön“ zu sein – bedeckt von Sensoren, bespannt mit blanken Drahtleitungen und behangen mit gleich mehreren Blackbox-Datenerfassungsgeräten – hilft der Serengeti-Entwicklungsprototyp, zu zeigen, wie Harley-Davidson-Motorräder hergestellt werden. Dieses Modell ist einer der jüngsten Neuzugänge der Harley-Davidson-Museumskollektion.

„Project Serengeti“ lautet der firmeninterne Codename für die aktuelle Softail von 2018. Dieses spezielle Serengeti-Entwicklungsmotorrad stammt aus dem Jahr 2015 und hat bereits eine frühe Version des Monoshock-Rahmens sowie einen Milwaukee Eight V-Twin-Motor, der sich unter der allseits bekannten Karosserie im klassischen Heritage-Stil versteckt.

Harley-Davidson verwendet solche sogenannten Technikträger, um mit Aussagen über thermische Bedingungen und Bewegungsmuster zwei voneinander getrennte Datensätze zu generieren. Dieses Test-Motorrad wurde speziell für thermische Tests verkabelt und nahezu flächendeckend mit Temperatursensoren ausgestattet. Andere Testeinheiten konzentrieren sich auf Fahrwerksdaten und nutzen dafür Bewegungssensoren.

Computermodellierung und Finite-Elemente-Analyse sind natürlich unentbehrlich bei der Entwicklung eines neuen Produkts. Aber genauso, wie Stylisten immer noch auf Tonmodelle zurückgreifen, um zu sehen, wie sich ein Entwurf im natürlichen Licht darstellt (siehe Kapitel 38), verlassen sich auch die Produktionsingenieure auf reale Daten, damit sie Fahrbedingungen simulieren und nachbilden können, die ein Computer so zuverlässig und exakt nicht prognostizieren kann. Diese Programmierungen sind überdies von einer bemerkenswerten Genauigkeit.

Testingenieure, die mit Harley-Davidsons Testgelände in Arizona vertraut sind, können zum Beispiel einen auf dem Schütteltisch arretierten Prototypen während seiner Fahrt beobachten und exakt vorhersagen wo er genau entlang fährt: *„Genau hier hat das Motorrad gerade die Bahngleise vor dem Haupteingang überquert…“*

Dieser mühsame Prozess der Datenerfassung, der Programmierung von Testgeräten und dem Sammeln von Ergebnissen mag uns ermüdend erscheinen, aber so werden moderne Harley-Davidson- Motorräder perfektioniert. Es ist deshalb wichtig, auch diesen Aspekt zu beleuchten. Der Serengeti-Prototyp ist eine ausgezeichnete Ergänzung für die Sammlung des Harley-Davidson-Museums, weil er ein Artefakt ist, das nur wenige Menschen zuvor gesehen haben. Es gibt nur ganz wenige Motorradhersteller, die überhaupt bereit sind, ihr Wissen auf diese Art und Weise der breiten Öffentlichkeit zugänglich zu machen.

Die Harley-Davidson Fat Bob aus dem Modelljahr 2018 zeichnet sich durch den Rahmen und den Motor aus, die mit Hilfe des Serengeti Prototypen entwickelt wurden.

INDEX

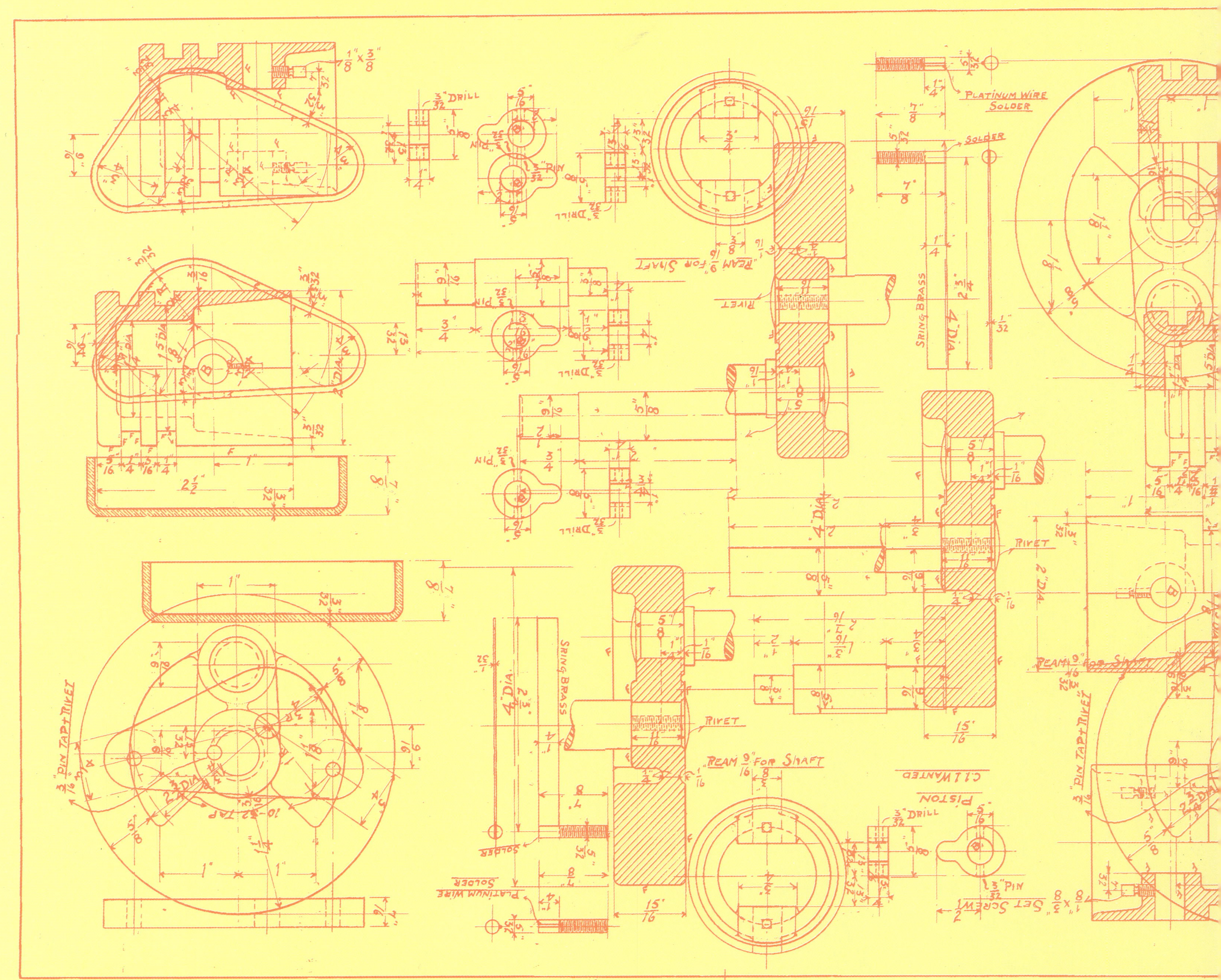

3/32" DRILL
PLATINUM WIRE
SOLDER
REAM 9/16" FOR SHAFT
RIVET
SRING BRASS
4" DIA.
3/16" PIN TAP + RIVET
10-32 TAP
PISTON
C.I. 1 WANTED
1/8" x 3/8" SET SCREW